経済・経営のための
統 計 教 室
― データサイエンス入門 ―

中央大学名誉教授

小 林 道 正 著

裳 華 房

The Statistics Classroom

for

Economy and Management

by

Michimasa Kobayashi

SHOKABO

TOKYO

JCOPY 〈(社)出版者著作権管理機構 委託出版物〉

はじめに

　数年前，財界人に「経済・経営を専攻する大学生に何を一番学んできてほしいか」というアンケートが行われた．そのときトップに挙げられたのが，「統計学を十分に学んできてほしい」というものであった．

　実際，企業や官公庁の現場では，毎日膨大なデータを処理しなければならない．そして，無意味に並んでいるようにみえるデータの山から必要な情報を引き出し，会社や官公庁の方針を左右するような貴重な情報を探し出さなくてはならない．そこで活躍するのが「統計学」である．

　「**統計学**」は，多くのデータから，そして時には限られた少数のデータから，そこに潜んでいる構造を明らかにし，未来の予測をも行うための科学（**データサイエンス**）である．そのような重要な科学である統計学は，ほとんどすべての大学で開講され，文系・理系を問わず，あらゆる分野で必要とされている．アメリカのハーバード大学では専攻を問わず，すべての入学生に対して，「数的処理（統計を含む）」の試験に合格するか履修するかが義務付けられている．日本でも，とりわけ，経済学部・商学部・経営学部などでは，必修科目や選択必修科目に設定されているのが普通である．

　本書は，大学に入学して間もない経済・経営を専攻する新入生が，統計学を学び始めるための本である．筆者は経済学部で40年近くこの科目を担当してきたので，学生がどこでつまずくか，どこで難しく感じるかをよく知っている．そこで，この40年間の経験を活かして，学生が無理なく統計学を学べるように執筆した．

　ところで，統計学の学習では最低限の「**確率論**」の概念や方法を理解しておかなければならない．それは，すべてを漏れなく調べるという全数調査が費用等の面で現実的には難しく，一部の標本（サンプル）からの情報で全体のことを判断しなければならないことが多いからである．しかし，こうした調査の場合，標本と全体との間には避けられない偶然的な要素が入り込んでしまうことが多い．そこで活躍するのが「確率論」なのである．

しかし，確率論を一通り学ぶには相当の期間が必要となってしまうため，統計学の授業が一般にそうであるように，本書でも，統計学の学習に必要な確率の概念や方法を最初に短くまとめて入れた．この確率論のエッセンスを理解しておけば，統計学を学ぶのに支障はないようにしたつもりである．

なお本書では，例題や問題において，あえて同じデータ（数値）を繰り返し用いるようにした．その理由は，同じデータであっても，何を読み解くか，どのように分析するかによって，そこから導かれること（情報）が異なってくるということを読者に実感してほしかったからである．そのために，単純な分析から，次第に高度な分析へと進化していく様子がわかるようにしてある．これぞまさしく，データサイエンスである．

本書の姉妹編である「経済・経営のための 数学教室」同様，経済・経営を専攻する大学生にとってわかりやすい統計学の入門書となることを願っている．

2016年9月

小 林 道 正

目　　次

第1章　確率の考え方
1.1　偶然性の中に潜む規則性 ― 相対頻度の安定 ― ･･････････1
1.2　確率の概念 ― 確率の値と基本法則 ― ････････････････6
　1.2.1　サイコロの確率と確率の意味･･････････････････6
　1.2.2　確率の基本性質････････････････････････････8
　1.2.3　確率の意味の変化･････････････････････････10
1.3　条件付き確率・乗法定理・ベイズの定理･･･････････････11
　1.3.1　条件付き確率･･････････････････････････････12
　1.3.2　乗法定理････････････････････････････････14
　1.3.3　ベイズの定理････････････････････････････15
第1章のポイント･･･････････････････････････････････18

第2章　確率変数とは何か
2.1　確率変数の概念と期待値（平均値）・分散・標準偏差･･････19
　2.1.1　確率変数の概念････････････････････････････20
　2.1.2　累積確率分布･･････････････････････････････23
　2.1.3　確率変数の期待値（平均値）･･････････････････26
　2.1.4　期待値の性質･･････････････････････････････29
　2.1.5　独立な確率変数････････････････････････････30
2.2　確率変数の分散と標準偏差･･････････････････････････30
　2.2.1　確率変数の分散････････････････････････････31
　2.2.2　確率変数の標準偏差････････････････････････34
2.3　2項分布とポアソン分布･････････････････････････････35
　2.3.1　2項分布･･････････････････････････････････35
　2.3.2　2項分布の期待値・分散・標準偏差･････････････38
　2.3.3　ポアソン分布･･････････････････････････････38
2.4　大数の法則･････････････････････････････････････42
　2.4.1　大数の弱法則･･････････････････････････････43
　2.4.2　大数の強法則･･････････････････････････････44
2.5　正規分布と中心極限定理･･････････････････････････44
　2.5.1　正規分布･････････････････････････････････44

2.5.2　2項分布から正規分布へ･････････････････48
　第2章のポイント･････････････････････････････51

第3章　データの構造を理解する
　3.1　度数分布表とヒストグラム･･････････････････52
　　3.1.1　概数とソート･････････････････････････52
　　3.1.2　外れ値･･･････････････････････････････53
　　3.1.3　度数分布表･･･････････････････････････54
　3.2　データの平均・分散・標準偏差･･････････････57
　　3.2.1　データの平均（平均値）････････････････57
　　3.2.2　データの分散と標準偏差･･･････････････61
　　3.1.3　度数分布表･･･････････････････････････54
　3.3　データの最頻値･･･････････････････････････66
　3.4　パーセンタイル・四分位点（四分位数）・中央値･････67
　　3.4.1　パーセンタイル･･･････････････････････67
　　3.4.2　四分位点（四分位数）･････････････････70
　　3.4.3　中央値（メジアン）･･･････････････････73
　3.5　箱ひげ図の概念･･･････････････････････････75
　　3.5.1　箱ひげ図の概念･･･････････････････････75
　　3.5.2　四分位範囲と四分位偏差･･･････････････77
　　3.5.3　箱ひげ図と外れ値･････････････････････77
　3.6　箱ひげ図とヒストグラム･･･････････････････78
　3.7　箱ひげ図と散らばりの程度･････････････････79
　第3章のポイント･････････････････････････････81

第4章　標本の分布を知る
　4.1　標本平均の分布法則･･･････････････････････82
　　4.1.1　標本平均をたくさんとる実験････････････82
　　4.1.2　実験による標本平均の分散と標準偏差････86
　　4.1.3　計算による標本平均の平均値（期待値）・分散・標準偏差････87
　　4.1.4　標本平均の分布と正規分布･････････････89
　　4.1.5　標準誤差（SE）･･････････････････････93
　4.2　標本分散の分布･･･････････････････････････95
　　4.2.1　標本分散の平均･･･････････････････････95
　　4.2.2　不偏分散･････････････････････････････96

4.2.3　母集団が正規分布する場合の標本分散と χ^2 分布・・・・・・・98
　4.3　t 分布・・・・・・・・・・・・・・・・・・・・・・・・・・・・・・・・99
　第 4 章のポイント・・・・・・・・・・・・・・・・・・・・・・・・・・・101

第 5 章　統計的推定の考え方
　5.1　点推定・・・・・・・・・・・・・・・・・・・・・・・・・・・・・・・・102
　　　5.1.1　不偏性（不偏推定量）・・・・・・・・・・・・・・・・・・・103
　　　5.1.2　一致性・・・・・・・・・・・・・・・・・・・・・・・・・・・・103
　5.2　母集団の平均値の区間推定 ― 母集団の分散が既知のとき ―・・・・・104
　5.3　母集団の平均値の区間推定 ― 母集団の分散が未知のとき ―・・・・・108
　5.4　分散の区間推定・・・・・・・・・・・・・・・・・・・・・・・・・・・111
　5.5　母集団における比率の推定・・・・・・・・・・・・・・・・・・・・・115
　第 5 章のポイント・・・・・・・・・・・・・・・・・・・・・・・・・・・118

第 6 章　統計的検定の考え方
　6.1　母集団の平均値の検定 ― 母集団の分散が既知のとき ―・・・・・・・119
　6.2　母集団の平均値の検定 ― 母集団の分散が未知のとき ―・・・・・・・123
　6.3　母集団の比率の検定・・・・・・・・・・・・・・・・・・・・・・・・・125
　第 6 章のポイント・・・・・・・・・・・・・・・・・・・・・・・・・・・127

第 7 章　相関分析とは何か
　7.1　相関図の概念と描き方・・・・・・・・・・・・・・・・・・・・・・・128
　7.2　相関係数の概念と計算方法・・・・・・・・・・・・・・・・・・・・・130
　7.3　相関関係と因果関係・・・・・・・・・・・・・・・・・・・・・・・・・133
　第 7 章のポイント・・・・・・・・・・・・・・・・・・・・・・・・・・・138

第 8 章　回帰分析とは何か
　8.1　回帰直線の概念と計算方法・・・・・・・・・・・・・・・・・・・・・139
　8.2　回帰曲線の概念と計算方法・・・・・・・・・・・・・・・・・・・・・143
　第 8 章のポイント・・・・・・・・・・・・・・・・・・・・・・・・・・・145

問題略解・・・・・・・・・・・・・・・・・・・・・・・・・・・・・・・・・・146
付表・・・・・・・・・・・・・・・・・・・・・・・・・・・・・・・・・・・・173
索引・・・・・・・・・・・・・・・・・・・・・・・・・・・・・・・・・・・・176

本書に出てくる主な記号の一覧

$P(A)$	事象 A の起きる確率
$P(A \cup B)$	事象 A または B が起きる確率
$P(A \cap B)$	事象 A かつ B が起きる確率
$P(A^c)$	事象 A の余事象 $A^c = S - A$ の確率
$P_B(A)$	事象 B の条件下での事象 A の起きる条件付き確率
$E(X)$	確率変数 X の期待値（平均値）
$F(X)$	確率変数 X の累積確率分布関数
$V(X)$	確率変数 X の分散
$\sigma(X)$	確率変数 X の標準偏差
m	母集団の平均値
v	母集団の分散
σ	母集団の標準偏差
$\overline{X}_s$	標本（sample）平均を表す確率変数
m_s	標本平均の平均値
v_s	標本平均の分散
σ_s	標本平均の標準偏差
V'_s, v'_s	標本の不偏分散（$n-1$ で割る）
$\sigma'_s = s'$	標本の不偏分散の平方根 $\sqrt{v'_s}$
σ_{xy}	データ x とデータ y の共分散
σ_x	データ x の標準偏差
σ_y	データ y の標準偏差

第1章
確率の考え方

　統計学を学ぶには，確率論の学習が不可欠である．大量のデータといっても，該当するすべてのデータを調べつくすのは容易ではないし，不必要でもある．例えば，時の内閣の支持率や政党の支持率を調べるのに，すべての有権者の意見を聞くことは，費用的にも時間的にも不可能に近い．そのために，有権者のごく一部だけのデータから，全体を推測する必要がある．そのときに入り込むのが偶然性であり，偶然性を科学的に調べるのが確率の概念だからである．そこで，本章では確率の考え方（基本的な概念）について述べることにする．

　「確率」というと，サイコロを投げたときに1の目の出る確率や，硬貨を投げたときの表と裏の出る確率を想像する人もいよう．これらの確率の例は，中学校や高等学校で学ぶのであるが，残念なことに，高等学校までの確率の学習では十分とはいえないので，本章では，その根本から述べることにする．いままでの先入観を捨てて，一から学んでほしい．

1.1　偶然性の中に潜む規則性 ─ 相対頻度の安定 ─

　内閣の支持率やいろいろな世論調査は，調査対象全体からごく一部の**標本**（**サンプル**）をとって調査するので，そこには偶然性が入り込む．そこで，経済・経営で現れる偶然性，社会一般における偶然性を理解するために，まずは子供の頃から親しんできたサイコロ投げの偶然性から学んでいくことにしよう．

　サイコロの目は次のように6通りある．

⚀ ⚁ ⚂ ⚃ ⚄ ⚅

サイコロを 1 回投げたとき，どの目が出るかの予測は困難である．大学生でも誤解している人がいるが，サイコロを 6 回投げると，どの目も 1 回ずつ出ると思っている人がいる．その根拠は，「中学校や高等学校で，どの目も同様に確からしいと思ってよいので，それぞれの目が出る確率は $\frac{1}{6}$ と学んだから」というのである．

確かに，サイコロで遊んだ経験がない人で，学校の勉強しかしてこなかった人はそう思うかもしれない．しかし，「6 回投げてみる」などという実験はすぐにできるので，実際にやってみてほしい．結果は，例えば次のようになる．

⚂ ⚅ ⚄ ⚂ ⚄ ⚅

⚀ は 1 回も出ていないし，⚅ は 2 回も出ている．サイコロで遊んだ経験がある人なら何ら不思議に思わないであろうが，生まれて初めてサイコロを投げた人はびっくりするかもしれない．

「もう少したくさん投げてみれば，⚀ の目がほぼ $\frac{1}{6}$ の割合で出るのではないか」と考える人もいよう．それでは 20 回投げてみよう．結果は，例えば次のようになる．

⚂ ⚅ ⚃ ⚄ ⚅ ⚂ ⚁ ⚀ ⚁

⚅ ⚁ ⚃ ⚄ ⚀ ⚃ ⚅ ⚁ ⚅

この結果は意図的につくったものではなく，筆者が実際にサイコロを投げた結果である．

すべての目の出方を調べるのは大変なので，⚀ の目の出方だけを調べてみよう．⚀ の目は，20 回投げた中で 4 回出ているので，割合としては，

$$\frac{4}{20} = 0.2$$

である．

1.1 偶然性の中に潜む規則性 — 相対頻度の安定 —

ところで,いま「割合」といったが,これは,「投げる回数に依存しない数値」にするために,別名,**相対頻度**あるいは**相対度数**ともいう.計算方法としては,「該当する場合の数を全体の回数で割る」という計算で得られる.

$$\text{ある事柄 } A \text{ が起きた相対頻度} = \frac{A \text{ が起きた回数}}{\text{全体の回数}}$$

筆者の20回の結果だけでは $\frac{1}{6}$ にならないことが信用できないと思う人もいるだろうから,もう1人の結果も挙げておこう.

今度は,⚀の目は20回投げた中で2回出ているので,相対頻度としては,

$$\frac{2}{20} = 0.1$$

である.

2人だけの結果ではよくわからないという人のために,20人分の実験結果を挙げてみると,1の目が出た相対頻度は次のようになった.

0.05, 0.25, 0.1, 0.25, 0.3, 0.25, 0.2, 0.25, 0.3, 0.2,
0.25, 0.15, 0.15, 0.05, 0.15, 0.1, 0.2, 0, 0.2, 0.4

数字の羅列ではわかりにくいと思うので,これを折線グラフで表してみよう(図1.1).横軸は実験を行った人数を表し,縦軸は1人が20回投げたときの⚀の目の出た相対頻度を表している.

このグラフをみる限りでは,20人の⚀の目が出る相対頻度はバラバラであり,規則性があるようにはみえないが,これは実は,1人1人の投げる回数が20回と少ないためである.

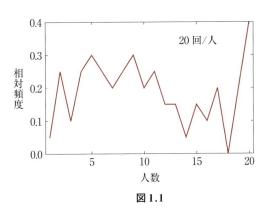

図1.1

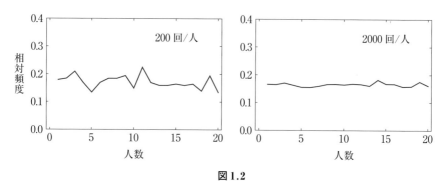

図 1.2

1人が投げる回数を 200 回, さらには 2000 回に増やしてみると, グラフは図 1.2 のようになる.

グラフをみるとわかるように, 投げる回数を 20 回から, 200 回, 2000 回と増やしていくにつれて, 20 人の⊡の目が出る相対頻度に違いがなくなっていくことがわかる. そして, この安定してきた値こそが,

$$\frac{1}{6} = 0.166666\cdots$$

に他ならないのである.

この一連の実験でわかることは,「サイコロを投げる回数を増やしていくと, ⊡の目が出る相対頻度は次第に $\frac{1}{6}$ に近づいていく」という事実である. この結果は誰がいつ行っても必ずはっきりと確認できることであり, サイコロ投げにおける, 客観的事実である.

例題 1.1

細工などをしていない普通の 10 円硬貨を 10 人で次の回数だけ投げて, 表の出た相対頻度を記録せよ. また, それぞれを折線グラフで表せ.

(1) 10 人がそれぞれ 10 回投げる.

(2) 10 人がそれぞれ 100 回投げる.

(3) 参考のために, 10 人が 1000 回投げた相対頻度を示す. これらの実験結果からわかることを述べよ.

0.499, 0.512, 0.480, 0.494, 0.518, 0.512, 0.491, 0.529, 0.514, 0.506

[**解**]　(1), (2) の実験結果は人により異なると思うが，例えば次のようになる．
(1)　0.5, 0.5, 0.7, 0.8, 0.7, 0.5, 0.4, 0.8, 0.2, 0.6

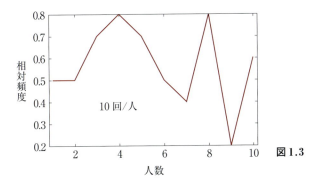
図 1.3

(2)　0.35, 0.44, 0.50, 0.52, 0.45, 0.54, 0.59, 0.47, 0.55, 0.54

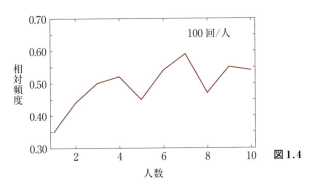
図 1.4

(3)　硬貨を投げる回数を増やしていくと，10 人の表が出る相対頻度は次第に安定してくることがわかる．

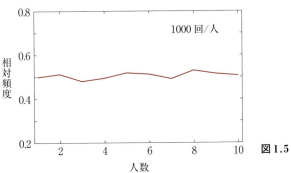
図 1.5

[問題 1.1.1] ダーツを壁に向かって投げて，針が壁に刺さるときと刺さらないときの相対頻度を調べる．10 人が次の回数だけ投げたとき，針が壁に刺さらないときの相対頻度を実験して調べよ．

(1) 10 人がそれぞれ 10 回投げる．

(2) 10 人がそれぞれ 100 回投げる．

(3) 参考のために，10 人が 1000 回投げた相対頻度を紹介しておくが，これらの実験結果からわかることを述べよ．

0.604, 0.619, 0.637, 0.621, 0.625, 0.619, 0.601, 0.642, 0.632, 0.617

[問題 1.1.2] 5 枚のカードがあり，2 枚には「株価は上がる」と書いてあり，3 枚には「株価は下がる」と書いてある．これらのカードを裏返しにしておき，1 枚とっては元に戻し，株価が「上がる」か「下がる」かを記録する．10 人がこの実験を次の回数だけ行い，「株価は上がる」と出る相対頻度を調べよ．もちろん，どのカードも平等に，偶然的に取り出されるものとする．

(1) 10 人がそれぞれ 10 回とる．

(2) 10 人がそれぞれ 100 回とる．

(3) 参考のために，10 人が 1000 回とった相対頻度を紹介しておくが，これらの実験結果からわかることを述べよ．

0.408, 0.398, 0.395, 0.378, 0.388, 0.399, 0.376, 0.396, 0.418, 0.388

1.2 確率の概念 — 確率の値と基本法則 —

1.2.1 サイコロの確率と確率の意味

確率というのは，試行回数が少ないと偶然性が勝っていて傾向がはっきりしないが，試行回数を増やしていくと，「対象としている事象」が生起する相対頻度（相対度数）が一定の値に近くなっていくという規則性が認められることが前提となっている．

そして，その安定していった相対頻度をその事象の**確率**とよぶのである．いままでのサイコロ投げの例でいえば，⚀ の目が出る相対頻度の安定した値が $\frac{1}{6}$ なので，⚀ の目が出る確率は $\frac{1}{6}$ とし，これを確率の英語 probability の頭文字をとって，次のように表すことにする．

$$P(⚀) = \frac{1}{6}$$

多数回の実験を行うと，他の目の出る確率も同じになることがわかる．

$$P(\boxdot) = \frac{1}{6}, \quad P(\boxdot) = \frac{1}{6}, \quad P(\boxdot) = \frac{1}{6}, \quad P(\boxdot) = \frac{1}{6}, \quad P(\boxdot) = \frac{1}{6}$$

「そんなことは実験しなくてもわかりきっている．サイコロの目の出方は6通りあるから，それぞれの目の出方は $\frac{1}{6}$ に決まっている」と考える読者もいるかもしれない．確かに，「結果的にはそうなっている」のであるが，論理的にそうなるのではない．例えば，「月にウサギがいる確率」を考えたとき，「ウサギがいる」，「ウサギがいない」のどちらかだから，確率はそれぞれ $\frac{1}{2}$ である，というわけにはいかない．他の例では，2つの硬貨を投げたとき，「2枚とも表」，「1枚表で1枚裏」，「2枚とも裏」の3通りあるから，それぞれの確率は $\frac{1}{3}$ というのも正しくないのである．これは「論理的な考え」に間違いがあるからなのだが，「論理的な考え」と「実験結果」が合わないときは，実験結果が正しいとするしかないのである．

サイコロの確率の例でみれば，普通のサイコロは，「どの目の出方にも優劣はなく，平等に出るだろうと考え，全体の確率1を6等分して，それぞれの目の出る確率を $\frac{1}{6}$ と考えてもよい」ことになったのである．このように考えてよいというのは，あくまでも実験結果に基づく理解なのである．立方体のサイコロではなく，3辺の長さが異なる直方体のサイコロでは，このようにはならないのである．

例題 1.2

普通の硬貨を投げる実験結果から，表 が出る確率 $P(表)$ の値はいくつであると理解すればよいか．

[解] 普通の硬貨を投げる実験結果から，硬貨を投げる回数を増やしていくと，表の出る相対頻度は次第に $\frac{1}{2} = 0.5$ に安定していくことがわかる．そこで，表の出る確率は，

$$P(表) = \frac{1}{2} = 0.5$$

と理解するのが合理的である．

[問題 1.2.1] 問題 1.1.1 の実験結果から，ダーツを壁に向かって投げたとき，針が壁に刺さらない確率の値はいくつであると理解するのが合理的か．

[**問題 1.2.2**] 問題 1.1.2 の結果から，このカードゲームでは株価が上昇する確率の値はいくつであると理解するのが合理的か．

1.2.2 確率の基本性質

社会調査等において，全体の中から一部を標本（サンプル）として抽出するときに必要な概念が「**確率**」である．ここでは，確率についての最小限の用語や基本性質をまとめておく．

確率を考える対象のことを**確率事象**あるいは単に**事象**といい，A, B, C, …などのアルファベットの大文字で表すことが多い．また，確率を考える事象の集まりと確率をセットにして**確率空間**というが，「空間」という名前にとらわれる必要はない．数学でいう空間は，物の集まりとしての「集合」とほとんど同じ意味である．

確率事象の性質を表現するときには，一般に，何かの性質をもつ要素の集まりである**集合**に関する数学の一般の記号を使用する．

- $A \cap B$: A と B の両方に入っている要素の集まりで，A と B の**共通部分**（積集合）とよばれ，確率では**積事象**という．
- $A \cup B$: A または B のどちらかに入っている要素の集まりで，A と B の**和集合**とよばれ，確率では**和事象**という．
- A^c: A に属さない要素の集まりで，A の**補集合**とよばれ，確率では**余事象**という．なお，上付の C は Complement に由来する．
- $\emptyset$: 何の要素も入っていない集合のことで，**空集合**とよばれ，確率では**空事象**という．

確率については，次のような基本性質が成り立つ．なお，事象 A, B に共通部分がないとき，すなわち，$A \cap B = \emptyset$ のとき，2 つの事象は**排反している**，あるいは**排反事象**であるといい，$A \cup B = A + B$ と表す．また，全事象（起こり得る，すべての事象）を S で表すことにする．

1. $0 \leq P(A) \leq 1$
2. $P(S) = 1$
3. $A \cap B = \emptyset$ のとき，$P(A \cup B) = P(A + B) = P(A) + P(B)$
4. $P(A^c) = 1 - P(A)$

1.2 確率の概念 — 確率の値と基本法則 —

5. A_i ($i = 1, 2, 3, \cdots$) が互いに共通部分をもたず，$A = A_1 + A_2 + A_3 + \cdots$ と表されるとき，
$$P(A) = P(A_1) + P(A_2) + P(A_3) + \cdots$$

確率の値の特別な場合として，起こりうる場合の数が n 通りあり，そのすべてが等しい確率で起こる場合，事象 A の起こる確率は次の式で表せる．

$$P(A) = \frac{A \text{に該当する場合の数}}{n} \qquad (1.1)$$

確率の定義をこの式のみとしている本もあったりするが，この式は，「すべての基本となる事象が等確率になる特殊な場合」であることに注意が必要である．

例えば，当たりが3本，はずれが7本入ったくじから1本のくじを引くとき，どのくじも等確率で取り出されると考えられるので，当たりを引く確率は次のようになる．

$$P(\text{当たり}) = \frac{3}{10} = 0.3$$

この計算が合理的であることは，くじを引く実験を多数回行って，当たりが出る相対頻度の変化を調べれば確認できる．

これらの「確率の基本性質」は，確率の値が相対頻度の安定していく値であることから十分に説明がつく（証明ができる）ことであるが，数学としての確率論は，これらの基本性質（**公理**）を前提としていろいろな概念を導入していき，それらから導かれる事実を**定理**とよぶ．

なお，事象 A と B が排反していないときには，次の式が成り立つ．
$$P(A \cup B) = P(A) + P(B) - P(A \cap B) \qquad (1.2)$$
この式は，図1.6をみれば理解できるのではないだろうか．

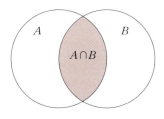

図1.6

― 例題 1.3 ―

サイコロを投げるとき，事象 A を「偶数の目が出る」，事象 B を「⚀ の目が出る」，事象 C を「⚄ 以上の目が出る」とする．このとき，以下の問いに答えよ．

(1) 事象 A と事象 B は排反しているか．

(2) 確率 $P(A \cup B)$ の値を求めよ．

(3) 事象 A と事象 C は排反しているか．

(4) 確率 $P(A \cup C)$ の値を，$P(A)$, $P(C)$, $P(A \cap C)$ から求めよ．

[解] (1) 事象 A と事象 B は共通部分がないので $A \cap B = \emptyset$ であり，排反している．

(2) $P(A \cap B) = P(A + B) = P(A) + P(B) = \dfrac{3}{6} + \dfrac{1}{6} = \dfrac{4}{6} = \dfrac{2}{3}$

(3) ⚄ と ⚅ が両方に入っているので，排反していない．

(4) $P(A \cup C) = P(A) + P(C) - P(A \cap C) = \dfrac{3}{6} + \dfrac{3}{6} - \dfrac{2}{6} = \dfrac{4}{6} = \dfrac{2}{3}$

[**問題 1.3.1**] サイコロを投げるとき，事象 A を「奇数の目が出る」，事象 B を「⚄ の目が出る」，事象 C を「⚃ 以上の目が出る」とする．このとき，以下の問いに答えよ．

(1) 事象 A と事象 B は排反しているか．

(2) 確率 $P(A \cup B)$ の値を求めよ．

(3) 事象 A と事象 C は排反しているか．

(4) 確率 $P(A \cup C)$ の値を，$P(A)$, $P(C)$, $P(A \cap C)$ から求めよ．

[**問題 1.3.2**] ある市の全世帯に対する調査で，A 新聞を購読している世帯の割合は 0.6，B 新聞を購読している世帯の割合は 0.4，両紙を購読している世帯の割合は 0.01 であったという．ある世帯をランダムに選んだとき，A 新聞か B 新聞のどちらかを購読している世帯が選ばれる確率を求めよ．ただし，ランダムに選んだときの事象 A の確率は，全世帯の中で事象 A に該当する世帯の割合と同じであると考える．

1.2.3 確率の意味の変化

ここまでは確率の意味を，「偶然の現象において，多数回の試行（実験）

におけるある事象の生起する相対頻度が安定していく値」と述べてきた．しかし，実際に確率を考える場面は多様であり，確率の意味もそれに応じて変化していく．

例えば，予測の数値ともいえる「可能性を示す値」としての確率である．サイコロ投げの例でいえば，「いまからサイコロを投げたとき，⚄ の目が出る可能性はどのくらいか」というときである．実際に投げてみなければどの目が出るかはわからないのであるが，投げる前に，それぞれの目が出る可能性を数値で表すときの確率がそれである．この場合も，過去に多数の実験が行われ，⚄ の目が出る相対頻度の安定していく値が $\frac{1}{6}$ とわかっていることを利用して，「⚄ の目が出る可能性，すなわち確率は $\frac{1}{6}$ である」と考えるのである．

確率が付随した景気予測や，天気予報の確率などもこれらの例である．いずれも，これから起きる1回限りの事柄（事象）に対して，過去の相対頻度の安定した値としての確率を利用するのである．また，基本事象が等確率で起きる場合は，確率は結果的には事象の割合と同じになる．

1.3 条件付き確率・乗法定理・ベイズの定理

あらゆる確率は，一定の条件が付いた上での確率であることは確かであるが，例えば，与党を支持していることと，そのときの内閣を支持していることはイコールとは限らない．そのときの内閣を支持しているという条件の下で，「与党のA党かB党を支持している確率は？」というような場合に用いられるのが**条件付き確率**である．そして，与党を支持していて，なおかつ，そのときの内閣も支持している確率などを求めるのに用いられるのが**乗法定理**である．

別の例では，ある人が病院である病気の検査をしてもらったところ「陽性」と判断されたとき，「この人が本当にこの病気にかかっている確率は？」というときなどに用いられるのが**ベイズの定理**である．この定理は，裁判で証人の証言がどれだけ信用できるかを分析するのにも使われている．

1.3.1 条件付き確率

　一番わかりやすい条件付き確率は，連続してくじを引く場合の確率である．例えば，当たりくじ•が2本，はずれくじ•が4本入った箱から1本を引き，それを戻さないでもう1本を続けて引くような場合の確率である．このような抽出の仕方を，一般に**非復元抽出**という．

$$\boxed{\bullet\bullet\bullet\bullet\bullet\bullet}$$

　初め，箱の中のくじの状態は上のようになっている．当たりくじを引くか，はずれくじを引くかは，等確率で差がないとすると，1回目に当たりくじを引く確率は

$$P(\bullet) = \frac{2}{6} = \frac{1}{3}$$

であり，はずれくじを引く確率は，

$$P(\bullet) = \frac{4}{6} = \frac{2}{3}$$

となる．
　さて，2回目にくじを引く場合，1回目に引いたくじが当たり•の場合 (A) とはずれ•の場合 (B) では，次のくじを引くときの箱の中の状態は次のように異なっている．

$$A: \quad \bullet \quad \boxed{\bullet\bullet\bullet\bullet\bullet}$$

$$B: \quad \bullet \quad \boxed{\bullet\bullet\bullet\bullet\bullet}$$

箱の中の残りのくじからわかるように，2回目に当たりくじを引く確率は，

$$A \text{ の場合}: \quad P(\bullet) = \frac{1}{5}, \qquad B \text{ の場合}: \quad P(\bullet) = \frac{2}{5}$$

となる．そして，A の場合を「1回目に当たりくじを引いた条件の下で2回目も当たりくじを引く」条件付き確率といい，

$$P_\bullet(\bullet) = \frac{1}{5}$$

また，B の場合を「1回目にはずれくじを引いた条件の下で2回目に当たりくじを引く」条件付き確率といい，

$$P_\bullet(\bullet) = \frac{2}{5}$$

のように表すことにする．

ここで，「1 回目に当たりくじを引き，なおかつ 2 回目も当たりくじを引く」という事象の確率を求めてみよう．

「1 回目に当たりくじを引く」という事象は，確率 $\frac{2}{6} = \frac{1}{3}$ で起きる．それに引き続いて 2 回目も当たりくじを引く確率は，$\frac{1}{5}$ で起きる．ところで，確率はもとはといえば相対頻度のことであり，両方続けて起きる相対頻度は両者を掛けて得られるので，確率も同じように掛けて次のようになる．

$$P(1 \text{回目に当たり，なおかつ} 2 \text{回目も当たる}) = \frac{2}{6} \times \frac{1}{5} = \frac{1}{15}$$

これを整理すると

$$P(1 \text{回目} \bullet) \times P_{1\text{回目}\bullet}(2 \text{回目} \bullet) = P(1 \text{回目} \bullet \text{かつ} 2 \text{回目} \bullet)$$

となり，この式から，「1 回目に当たりくじを引いた条件の下で 2 回目も当たりくじを引く条件付き確率」は次のように表せる．

$$P_{1\text{回目}\bullet}(2 \text{回目} \bullet) = \frac{P(1 \text{回目} \bullet \text{かつ} 2 \text{回目} \bullet)}{P(1 \text{回目} \bullet)}$$

このことから，一般に事象 A の条件の下で事象 B の起きる条件付き確率を次の式で定義する．

$$P_A(B) = \frac{P(A \cap B)}{P(A)} \tag{1.3}$$

このような非復元抽出の場合は，一般に $P_A(B) \neq P(B)$ である．ところが，1 回目に引いたくじを元に戻すような**復元抽出**の場合には，2 回目に引くときの箱の状態は 1 回目に引くときの箱の状態と同じなので，当たりくじやはずれくじを引く確率にも変化がなく，$P_A(B) = P(B)$ より

$$P_\bullet(\bullet) = P(\bullet) = \frac{2}{6} = \frac{1}{3}$$

となる．このとき，「1 回目に当たりくじを引く」ことと「2 回目に当たりくじを引く」ことは**独立である**という．一般に，$P_A(B) = P(B)$ が成り立つとき，「事象 A と事象 B は独立である」という．これは，事象 B の起きる確率が，事象 A が起きたという情報を聞いても聞かなくても変わりがないということである．

---**例題 1.4**---

サイコロを投げる試行において,事象 $A = \{$偶数の目が出る$\}$ と事象 $B = \{5$ 以上の目が出る$\}$ は独立であるか.

[解] サイコロの目が 6 通りある中で,偶数の目は 2, 4, 6 の 3 通りで,5 以上の目は 5, 6 の 2 通りなので,事象 A と事象 B の確率はそれぞれ次のようになる.

$$P(A) = \frac{3}{6} = \frac{1}{2}, \qquad P(B) = \frac{2}{6} = \frac{1}{3}$$

事象 A の条件の下で事象 B の起きる条件付き確率は,(1.3) より

$$P_A(B) = \frac{1/6}{1/2} = \frac{1}{3}$$

となる.よって,$P_A(B) = P(B)$ が成り立つので,2 つの事象 A と B は独立である.

[**問題 1.4.1**] サイコロを投げる試行において,事象 $A = \{$偶数の目が出る$\}$ と事象 $B = \{4$ 以上の目が出る$\}$ は独立であるか.

[**問題 1.4.2**] 1 ヶ月間に「円高が進む」という事象 A と,ある企業がこの 1 ヶ月間に「利益が増加する」という事象 B は独立であるか.ただし,次の確率はわかっているものとする.

$$P(B) = 0.3, \qquad P_{円高が進む}(利益が増加しない) = 0.65$$

1.3.2 乗法定理

条件付き確率の式 (1.3) を掛け算に直すと次のようになる.

$$P(A \cap B) = P(A) \times P_A(B) \tag{1.4}$$

つまり,「A かつ B の確率」は,「A の確率」に「A の条件の下での B の条件付き確率」を掛ければよい.これを**乗法定理**という.

事象 A と B が独立のときには $P_A(B) = P(B)$ となるので,乗法定理は次のようになる.

$$P(A \cap B) = P(A) \times P(B) \tag{1.5}$$

---**例題 1.5**---

サイコロを投げる試行において,事象 $A = \{$偶数の目が出る$\}$ と事象 $B = \{5$ 以上の目が出る$\}$ があるとき,「偶数の目が出て,なおかつ,5 以上の目が出る」という事象,すなわち $A \cap B$ の確率を求めよ.

[解] 例題1.4から、この2つの事象は独立である。よって、独立の場合の乗法定理（1.5）から、次のように求められる。

$$P(A \cap B) = P(A) \times P(B) = \frac{3}{6} \times \frac{2}{6} = \frac{1}{6}$$

[**問題 1.5.1**] サイコロを投げる試行において、事象 $A = \{$偶数の目が出る$\}$ と事象 $B = \{4$以上の目が出る$\}$ があるとする。このとき、$A \cap B$ の確率を求めよ。

[**問題 1.5.2**] 1ヶ月間に「円高が進む」という事象 A と、ある企業がこの1ヶ月間の「利益が増加する」という事象 B において、$A \cap B$ の確率を求めよ。ただし、次の確率はわかっているものとする。

$$P(A) = 0.7, \qquad P_{\text{円高が進む}}(\text{利益が増加しない}) = 0.65$$

1.3.3 ベイズの定理

ベイズの定理は条件付き確率の一種であり、結果を知った上で、その条件下での原因の確率を求める定理である。わかりやすい典型的な例で説明しよう。

いま、2つの箱 A, B に白玉と黒玉が入っているとする。箱のどちらかを確率 $\frac{1}{2}$ で選び、選んだ箱から玉を1つとり出す。そして、とり出した玉が黒玉であったとき、この黒玉が箱 A から来たのか、箱 B から来たのかを確率的に判断しようというのである。もちろん大前提として、箱の中の黒玉と白玉の個数ははじめにわかっているとする。ここでは、箱 A には、白玉が2個、黒玉が3個、箱 B には、白玉が2個、黒玉が8個入っていたとする。

A : ○○●●●

B : ○○●●●●●●●●

箱 B の方が黒玉の割合が多いので、結果が黒玉であったということは、箱 B からとり出された確率が高いと予想されるが、きちんとした数値で出そうというのである。このような場合に、ベイズの定理が役立つことになる。

この確率を分析するには、やはり、多数回の実験を想定するのがわかりやすい。10回実験をして、例えば次のようになったとしよう。

{A, ○}, {B, ●}, {B, ●}, {A, ●}, {B, ○}
{B, ●}, {A, ●}, {A, ○}, {A, ●}, {B, ●}

この結果は，黒玉がとり出された回数は7回であり，そのうち，箱Aからとり出された場合が3回，箱Bからとり出された場合が4回あることを表している．相対頻度で考えると，それぞれ $\frac{3}{7}$ と $\frac{4}{7}$ である．

この実験で，箱から玉をとり出す回数を増やした場合を考えよう．200回とり出したとすると，ほぼ100回は箱Aからとり出し，同じくほぼ100回は箱Bからとり出すことになる．もちろん，きちんと100回ずつにはならないが，相対頻度でみると，ほぼ $\frac{1}{2}$ ずつとなる．

箱Aから玉を100回とり出すとき，ほぼ40回 $\left(100 \times \frac{2}{5}\right)$ は白玉であり，ほぼ60回 $\left(100 \times \frac{3}{5}\right)$ は黒玉となる．一方，箱Bから玉を100回とり出すとき，ほぼ20回 $\left(100 \times \frac{2}{10}\right)$ は白玉であり，ほぼ80回 $\left(100 \times \frac{8}{10}\right)$ は黒玉となるだろう．したがって，両方の箱を合わせると，黒玉がとり出されるのはほぼ $60+80=140$ 回となる．この中で，黒玉が箱Aからとり出される相対頻度は $\frac{60}{60+80}$ で，箱Bからとり出される相対頻度は $\frac{80}{60+80}$ となる．

この結果を確率で表すと次のようになる．

$$P_\bullet(A) = \frac{60}{60+80}$$

$$= \frac{200 \times \left(\frac{1}{2} \times \frac{3}{5}\right)}{200 \times \left(\frac{1}{2} \times \frac{3}{5} + \frac{1}{2} \times \frac{8}{10}\right)} = \frac{\frac{1}{2} \times \frac{3}{5}}{\frac{1}{2} \times \frac{3}{5} + \frac{1}{2} \times \frac{8}{10}}$$

$$P_\bullet(B) = \frac{80}{60+80}$$

$$= \frac{200 \times \left(\frac{1}{2} \times \frac{8}{10}\right)}{200 \times \left(\frac{1}{2} \times \frac{3}{5} + \frac{1}{2} \times \frac{8}{10}\right)} = \frac{\frac{1}{2} \times \frac{8}{10}}{\frac{1}{2} \times \frac{3}{5} + \frac{1}{2} \times \frac{8}{10}}$$

一般に，事象 A（ここでの例ではAの箱から玉をとり出すこと）と余事象 $B = A^c$（ここでの例ではBの箱から玉をとり出すこと）があり，これとは別に事象 E（ここでの例では黒玉をとり出すこと）があるとき，次の条件付き確率の式が成り立ち，これを**ベイズの定理**という．

$$P_E(A) = \frac{P(A) \times P_A(E)}{P(A) \times P_A(E) + P(A^c) \times P_{A^c}(E)} \tag{1.6}$$

1.3 条件付き確率・乗法定理・ベイズの定理

―― 例題 1.6 ――――――――――――――――――――――――――
箱 A には赤玉が 3 個,青玉が 4 個入っていて,箱 B には赤玉が 6 個,青玉が 2 個入っている.どちらの箱を選ぶかの確率は $\dfrac{1}{2}$ である.いま,箱を選んで玉をとり出したところ,赤玉であった.この赤玉が箱 A から取り出された確率を求めよ.

[解] (1.6) により $P_{赤}(A)$ を求める.

$$P(A) = P(B) = \frac{1}{2}, \quad P_A(赤) = \frac{3}{7}, \quad P_B(赤) = \frac{6}{8} = \frac{3}{4}$$

を代入すると,

$$P_{赤}(A) = \frac{P(A) \times P_A(赤)}{P(A) \times P_A(赤) + P(B) \times P_B(赤)}$$

$$= \frac{\frac{1}{2} \times \frac{3}{7}}{\frac{1}{2} \times \frac{3}{7} + \frac{1}{2} \times \frac{6}{8}} = \frac{12}{33} = \frac{4}{11}$$

となる.

[問題 1.6.1] 3 つの箱 A_1,A_2,A_3 にはそれぞれ 5 つのくじが入っていて,その中で当たりくじが入っている数は,箱 A_1 では 1 個,箱 A_2 では 2 個,箱 A_3 では 3 個とする.くじを引くとき,どの箱を選ぶかは,確率 $P(A_1) = 0.5$,$P(A_2) = 0.3$,$P(A_3) = 0.2$ と定まっているとする.

いま,この確率で箱をランダムに選んでからくじを引いたところ,当たりくじであったとする.このくじが箱 A_1 からとり出された確率を求めよ.

[問題 1.6.2] J 党,K 党,M 党の 3 つの政党があり,各政党の支持率は,J 党 0.5,K 党 0.2,M 党 0.3 であるとする.また,このときの内閣を A 内閣とし,A 内閣は J 党と K 党の連立政権でできているとする.J 党支持者が A 内閣を支持する確率が 0.8,K 党支持者が A 内閣を支持する確率が 0.7,M 党支持者が A 内閣を支持する確率が 0.4 とする.

いま,ある有権者をランダムに選んだとき,その人は A 内閣を支持していた.この人が J 党支持者である確率,K 党支持者である確率,M 党支持者である確率をそれぞれ求めよ.

第 1 章のポイント

1. 何の規則性もないようにみえる偶然現象にも，デタラメさ故に起きる，一定の規則性が潜んでいることがある．それは，ある事象の生起する相対頻度が，実験回数を多くしていくと，次第に一定の値に集中してくることである．
2. 多数回の試行において，ある事象が起きる相対頻度の安定していく値が「その事象の確率の値」にほかならない．数が少ないとみえにくい規則性が，数が多くなるとはっきりとみえてくる．
3. 確率の基本性質は次のようにまとめられる．
    (a) $0 \leq P(A) \leq 1$
    (b) $P(S) = 1$
    (c) $A \cap B = \emptyset$ のとき
    $$P(A \cup B) = P(A + B) = P(A) + P(B)$$
    (d) $P(A^c) = 1 - P(A)$
    (e) $A_i (i = 1, 2, 3, \cdots)$ が互いに共通部分をもたず，$A = A_1 + A_2 + A_3 + \cdots$ のとき
    $$P(A) = P(A_1) + P(A_2) + P(A_3) + \cdots$$
4. 事象 A の条件下での事象 B の**条件付き確率**の式
$$P_A(B) = \frac{P(A \cap B)}{P(A)}$$
5. **乗法定理**の式
$$P(A \cap B) = P(A) \times P_A(B)$$
6. **ベイズの定理**の式
$$P_E(A) = \frac{P(A) \times P_A(E)}{P(A) \times P_A(E) + P(A^c) \times P_{A^c}(E)}$$

第2章
確率変数とは何か

　例えば，各メーカーの1ヶ月間の生産台数はいろいろな要因で変化し，市の人口も増えたり減ったりして絶えず変化している．こうした場合に，数年後の各メーカーの生産台数や数年後の市の人口はどのようにしたら予測できるだろうか．
　実は，これらの変化を偶然的な変化と考えたときには，その分析に確率論が使えるのである．
　経済・経営で現れる統計学における確率的な値は，そのすべてが何らかの量の羅列であり，そこには単位と大きさが記されていて，「数値（数）」で表される．そして，この偶然的に変化する数値が，確率論における「確率変数」である．そこで本章では，確率変数の変化の法則，確率変数の平均・分散・標準偏差について述べる．これらの概念は，後に述べる「データの平均・分散・標準偏差」とも密接に関連している．
　第1章で述べたように，確率は「多数の試行の結果として現れる法則」であるが，そのことを理論的に表すのが「大数の法則」である．
　また，いろいろな偶然性が重なることによって，そこには偶然性を表す分布として「正規分布（ガウス分布ともいう）」が現れる．この分布を表す数式は自然対数の底 e を使っていて，この式を発見したガウスは偉大な数学者であり，物理学者でもあった．

2.1　確率変数の概念と期待値（平均値）・分散・標準偏差

　スーパーの毎月の売上高，自動車メーカーの販売台数，銀行の貸出金額等は絶えず変化しているが，この偶然的に変化していく数値が**確率変数**である．

また，スーパーの年間を通しての毎月の売上高，自動車メーカーの毎月のおおよその売り上げ台数，銀行のおおよその貸出金額などを知りたいときに必要なのが**平均値**であり，月ごとのばらつきの程度などを分析するのに役立つのが**分散**や**標準偏差**である．

2.1.1 確率変数の概念

世の中には，偶然的に変化する量が満ち溢れている．野菜の売り場をみても，たとえ価格は同じでも，キャベツの重さはいろいろで，消費者は少しでも身が締まった重いキャベツを買い求める．リンゴやイチゴの重さも同様である．鶏卵の重さも，パックごとに一応の重さの基準はあるが，個々の卵の重さには幅がある．野菜などの生鮮食料品だけでなく，衣類や日用品も同じである．もちろん，我々人間の体重・身長・胸囲も人それぞれで，いろいろな大きさがある．これらの偶然的な量はすべて，ある単位を定めれば数値として表現でき，この**偶然的に変化する数値**が**確率変数**とよばれるものである．

確率変数には，必ず確率がともなっている．ここでは一例として，商店街のくじの当選金額を分析してみよう．くじの当たりには1等から5等までがあり，それぞれに対応する金額がもらえるものとする．そして，それぞれのくじが当たる確率は次のように定まっているとしよう．

等級	1等	2等	3等	4等	5等
当選金額 X	10000 円	5000 円	2000 円	500 円	10 円
確率 $P(X)$	0.01	0.05	0.1	0.79	0.05

確率変数は，一般にアルファベットの大文字 X で表すことが多い．この例では，当選金額が確率変数であり，$X = 10000, 5000, 2000, 500, 10$ と偶然的に変化し，それぞれの確率は次のように表せる．

$$P(X = 10000) = 0.01, \quad P(X = 5000) = 0.05, \quad P(X = 2000) = 0.1$$
$$P(X = 500) = 0.79, \quad P(X = 10) = 0.05$$

確率分布（確率変数の分布）は，確率変数のとる値が離散的な場合と連続的な場合で異なり，**離散的**な場合は表やグラフで表すことができる．

2.1 確率変数の概念と期待値（平均値）・分散・標準偏差

確率変数 X	x_1	x_2	x_3	$\cdots$	x_n
確率	p_1	p_2	p_3	$\cdots$	p_n

上の例の確率分布を棒グラフで表すと図 2.1 のようになる．

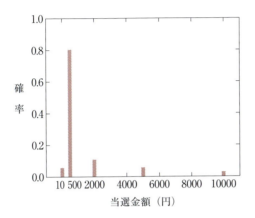

図 2.1

一方，ネジを生産するような場合，常に規格通りの長さで生産することは難しく，微妙に長さの異なるネジが生産されてしまう．そうしたことが起きる確率を考えるときには，ネジの長さそのものを確率変数と考えればよいのだが，このような場合の確率変数は**連続的**になり，各値をとる確率は 0 と考える（例えば，生産している釘の長さが，ちょうど 2.34 cm になることはあり得ない，すなわち，そのようになる確率は 0 と考えるのである）．そして，「2.3 cm から 2.4 cm の間のネジが生産される確率」というように，数値が一定区間に収まる確率を考えるのである．

確率変数が連続的なときは，グラフの曲線（図 2.2 は折れ線グラフだが）を表す関数は**確率密度関数**とよ

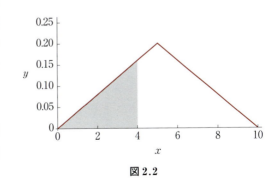

図 2.2

ばれ，確率は面積で表されることになる（図 2.2 の分布は形が三角形をしているので，**三角分布**とよばれる．)

この折れ線グラフの関数を $y = f(x)$ と表したとき，例えば図の 0 から 4 までの灰色部分の面積は，$\int$（インテグラルと読む）という積分を表す数学記号を用いて，次のように表すことができる．

$$P(0 \leq X \leq 4) = \text{「}y = f(x) \text{ と } x \text{ 軸の } 0 \sim 4 \text{ の範囲で囲まれた面積」}$$
$$= \int_0^4 f(x)\,dx$$

なお，積分を学んだことがないか苦手な読者は，1 行目の式によって確率が求められることを理解してもらえばよい．積分の計算を使わなくても統計学の基礎は理解できるし，実際に積分の計算が必要になる場合はほとんどないからである．それでも興味がある人は拙著「経済・経営のための　数学教室」（裳華房）でぜひ学んでもらいたい．

例題 2.1

サイコロ投げで，⚀ の目が出たら 10 円，⚁ が出たら 20 円，⚂ が出たら 30 円，⚃ が出たら 40 円，⚄ が出たら 50 円，⚅ が出たら 60 円を与える確率変数 X の確率分布を表と棒グラフで表せ．

［**解**］確率分布を表す表と棒グラフは次のようになる．

確率変数（円）	10	20	30	40	50	60
確率	$\frac{1}{6}$	$\frac{1}{6}$	$\frac{1}{6}$	$\frac{1}{6}$	$\frac{1}{6}$	$\frac{1}{6}$

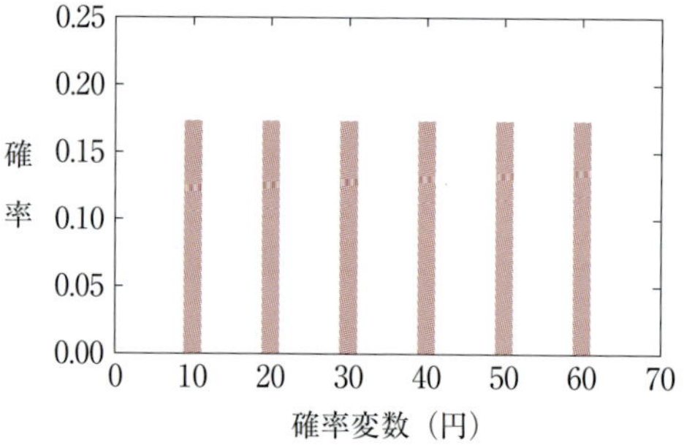

図 2.3

[問題 2.1.1] 硬貨を投げ，表が出たら賞金 1000 円，裏が出たら賞金 2000 円がもらえるゲームがある．ただし，この硬貨には細工がしてあり，表の出る確率は 0.6 で，裏が出る確率は 0.4 とする．この賞金を表す確率変数 X の確率分布を表で表せ．また，この確率分布を棒グラフで表せ．

[問題 2.1.2] ある商店街が年末に，購買金額 5000 円につき 1 枚の宝くじを配布することになった．宝くじの賞金は 6 種類あり，1 等が 10000 円，2 等が 3000 円，3 等が 1000 円，4 等が 200 円，5 等が 10 円である．それぞれの宝くじが当たる確率は，

$$P(1\text{等}) = 0.1, \quad P(2\text{等}) = 0.2, \quad P(3\text{等}) = 0.3,$$
$$P(4\text{等}) = 0.3, \quad P(5\text{等}) = 0.1$$

と決めた．このとき，賞金を表す確率変数 X の確率分布を表で表せ．また，この確率分布を棒グラフで表せ．

2.1.2 累積確率分布

例えば，毎月のスーパーの売上高で 2000 万円以下の月はどのくらいあるか，自動車販売会社で毎月の販売台数が 400 台に達しない月はどのくらいあるか，などといったことを表すのに必要なのが，それぞれの累積の確率である．このことを確率論では**累積確率分布**という．

いま，次のような確率変数の確率分布があったとしよう．

確率変数 X	10	20	30	40	50
確率	0.1	0.3	0.2	0.3	0.1

これに対して，X の値が x 以下の値をとる確率を $F(x)$ と表すと，次のようになる．

まず，$x < 10$ には確率はないので，この場合は $F(x) = 0$ となる．そして，$10 \leq x < 20$ の範囲のときは，確率があるのは $x = 10$ のときだけで，$P(X = 10) = 0.1$ なので，このとき $F(x) = 0.1$ となる．

次に，$20 \leq x < 30$ のときには，$P(X = 10) = 0.1$，$P(X = 20) = 0.3$ が累積の確率として該当するので，これらの和をとって，$F(X < 30) = 0.1 + 0.3 = 0.4$ となる．

以下同様に求めると，$30 \leq x < 40$ のときは $F(x) = 0.1 + 0.3 + 0.2 = 0.6$，$40 \leq x < 50$ のときは $F(x) = 0.1 + 0.3 + 0.2 + 0.3 = 0.9$，$50 \leq x$ のときは $F(x) = 0.1 + 0.3 + 0.2 + 0.3 + 0.1 = 1.0$ となる．

以上の結果をまとめると，次の表のようになる．

x	$x < 10$	$10 \leq x < 20$	$20 \leq x < 30$	$30 \leq x < 40$	$40 \leq x < 50$	$50 \leq x$
$F(x)$	0	0.1	0.4	0.6	0.9	1.0

この関数 $F(x) = P(X \leq x)$ のことを**累積分布関数**，あるいは単に**分布関数**といい，ここでの例の分布関数のグラフは図 2.4 のようになる．

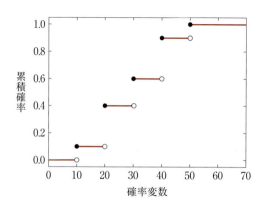

図 2.4

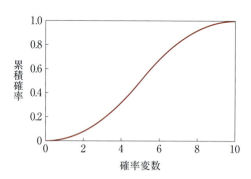

図 2.5

X の分布が連続分布であっても同様で，$F(x)$ は x までの面積を表す．例えば，前に紹介した三角分布の累積分布関数は図 2.5 のようになる．

このグラフをみるとわかるように，$x = 5$ までは面積はどんどん増えるので，累積分布関数は急速に増えていくが，$x = 5$ を過ぎると面積の増え方は徐々に減少し，分布関数の増加の仕方は緩やかになっていく．

--- 例題 2.2 ---

例題 2.1 の確率変数を X として，累積分布関数 $F(x)$ を表で表せ．また，その累積分布関数をグラフで表せ．

[解] 累積分布関数は次のような表になる．

x(円)	$x<10$	$10\leq x<20$	$20\leq x<30$	$30\leq x<40$	$40\leq x<50$	$50\leq x<60$	$60\leq x$
$F(x)$	0	$\frac{1}{6}$	$\frac{2}{6}$	$\frac{3}{6}$	$\frac{4}{6}$	$\frac{5}{6}$	$\frac{6}{6}$

また，累積分布関数のグラフは次のようになる．

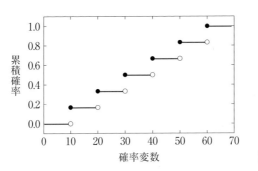

図 2.6

[問題 2.2.1] 硬貨を投げ，表が出たら賞金 500 円，裏が出たら賞金 1000 円がもらえるゲームがある．ただし，この硬貨には細工がしてあり，表の出る確率は 0.4 で，裏が出る確率は 0.6 とする．この賞金を表す確率変数を X として，X の累積分布関数のグラフを描け．

[問題 2.2.2] ある商店街が年末に，購買金額 3000 円につき 1 枚の宝くじを配布することになった．宝くじの賞金は 6 種類あり，1 等が 5000 円，2 等が 1000 円，

3 等が 500 円, 4 等が 100 円, 5 等が 10 円である. それぞれの宝くじが当たる確率は, $P(1 \text{等}) = 0.1$, $P(2 \text{等}) = 0.15$, $P(3 \text{等}) = 0.35$, $P(4 \text{等}) = 0.3$, $P(5 \text{等}) = 0.1$ と決めた. このとき, 賞金を表す確率変数を X として, 確率分布の累積分布関数のグラフを描け.

2.1.3 確率変数の期待値（平均値）

ある市において, 北と南の地区の商店街が年末に, 一定金額の商品を購入した人に対してくじを配るとする. どちらの商店街で買い物をしてくじをもらう方がよいかの判断の基準となるのは,「どちらの商店街のくじの方が, もらえる金額が大きいか（得をするか）であるが, もらえると期待できる金額（値）のことを**期待値**とよぶ. ここでは, 期待値の考え方とその計算方法について述べることにする.

商店街に買い物に来た人たちは, 一定金額ごとにくじをもらって, くじ引きをしていくことになるが, 例えば 20 人の当選金額が次のようになったとしよう.

$$10, 500, 5000, 10, 500, 10, 500, 2000, 10000, 500,$$
$$500, 10, 500, 2000, 500, 500, 10, 500, 2000, 10$$

このとき, これらの当選金額の「20 人の平均値」は次のように求められる.
20 人の平均値

$$= \frac{1}{20}(10 + 500 + 5000 + 10 + 500 + 10 + 500 + 2000 + 10000 + 500$$
$$+ 500 + 10 + 500 + 2000 + 500 + 500 + 10 + 500 + 2000 + 10)$$

この式の右辺の計算は, 例えば 10 は 6 回出ているから 10×6 のようにして, それぞれの金額の度数を掛けて整理すると簡単になる.

$$\frac{10 \times 6 + 500 \times 9 + 2000 \times 3 + 5000 \times 1 + 10000 \times 1}{20} = 1278$$

さらに, 次のように 20 を分配して, 当選金額にその割合（20 人のうちで何人がその金額かという割合）を掛けて足してもよい.

$$10 \times \frac{6}{20} + 500 \times \frac{9}{20} + 2000 \times \frac{3}{20} + 5000 \times \frac{1}{20} + 10000 \times \frac{1}{20} = 1278$$

この「平均値」は, たまたま選んだ 20 人の平均値である. では, 20 人で

はなく，くじを引く人の数をどんどん増やしていくと，その平均値はどうなるだろうか．

20 人のうちで，何人がその金額かの割合，つまり相対頻度は，人数を増やしていけばいくほど，それぞれの当選金額をもらえる「確率」に近づいていく．(「人数 (や試行回数) を増やしていったときに相対頻度が次第に近づいていく値が確率の値」であったことを思い出せばよい．) いま，その確率が順に 0.05, 0.79, 0.1, 0.05, 0.01 だったとして，「20 人のうちで何人がその金額かという割合」のところをそれぞれの「確率」で置き換えてみると，

$$10 \times 0.05 + 500 \times 0.79 + 2000 \times 0.1 + 5000 \times 0.05 + 10000 \times 0.01 = 945.5$$

となる．この値は「確率変数 X の**平均**あるいは**平均値**」とよばれ，「たくさんのデータの平均値」という意味であり，多数回行えば，平均してこの金額がもらえるという数値である．

一方で，この金額を「くじを 1 回だけ行ったときにもらえる金額 (数値)」という捉え方をしたときには，確率変数 X の**期待値**とよび，$E(X)$ と表す (E は，英語の Expectation の略)．期待値の計算は，上の例のように，確率変数の値にその値をとる確率を掛けて加えればよい．また，期待値は 1 回限りのイメージであるが，捉え方が異なるだけで，値としては平均値と全く同じものであるから，多数回くじを引いたときの当選金額の平均値でもある．

ここでの商店街の例でいえば，期待値すなわち平均値が大きい方がもらえる金額も大きいと考えられる．商店街 A の当選金額の期待値が 945.5 円のとき，もう一方の商店街 B の当選金額 Y の期待値が $E(Y) = 1500$ だったら，人々は商店街 B に買い物に行くだろう (もちろん，他の条件が同じということではあるが)．このように，確率変数の期待値の大小は，人が行動する判断の基準にもなる．

いま，一般の確率変数 X の確率分布が次のようになっていたとする．

確率変数 X	x_1	x_2	x_3	$\cdots$	x_n
確率	p_1	p_2	p_3	$\cdots$	p_n

このとき，確率変数 X の期待値（すなわち平均値）$E(X)$ は次のように表すことができる．

$$E(X) = x_1 p_1 + x_2 p_2 + x_3 p_3 + \cdots + x_n p_n = \sum_{k=1}^{n} x_k p_k \qquad (2.1)$$

確率変数 X の分布が連続分布の場合には，図 2.7 のように区間を細かく区切り，確率密度関数の横軸の値 x に，細かく切った長方形の面積 $f(x) \Delta x$ を掛けて，考える範囲（例として，図では a から b）について加えればよい．

$$\sum_{x=a}^{x=b} x f(x) \Delta x$$

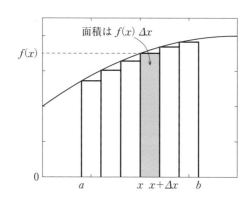

図 2.7

そして，この区切り Δx を無限に細かくしていったとき（これを数学記号で $\lim_{\Delta x \to 0}$ と書く）の値が積分をしたときの値と等しくなるので，$a \leq X \leq b$ のとき，期待値は次のように表すこともできる．

$$E(X) = \lim_{\Delta x \to 0} \sum_{x=a}^{x=b} x f(x) \Delta x = \int_a^b x f(x) dx \qquad (2.2)$$

例題 2.3

確率変数 X の確率分布が次のようになっているとき，X の期待値 $E(X)$ を求めよ．

確率変数 X	40	50	60	70	80
確率	0.1	0.2	0.3	0.3	0.1

[解] 確率変数 X の期待値 $E(X)$ は次のようになる．
$$E(X) = 40 \times 0.1 + 50 \times 0.2 + 60 \times 0.3 + 70 \times 0.3 + 80 \times 0.1 = 61$$

[問題 2.3.1] 確率変数 X の確率分布が次のようになっているとき，X の期待値 $E(X)$ を求めよ．

確率変数 X	100	200	300
確率	0.3	0.1	0.6

[問題 2.3.2] 長期的な天気予報により，スーパーで売られるキャベツ 1 個の価格が，1ヶ月後に 100 円になる確率が 0.1，200 円になる確率が 0.7，300 円になる確率が 0.2 であるという．1ヶ月後のキャベツの価格の期待値はいくらになるか．

2.1.4 期待値の性質

2 つの確率変数の和の期待値は，それぞれの確率変数の期待値の和に等しい．また，確率変数の定数倍の期待値は，元の確率変数を定数倍したものに等しくなる．これらを式で表すと次のようになる．

$$E(X + Y) = E(X) + E(Y) \tag{2.3}$$
$$E(aX) = aE(X) \quad (a\text{ は定数}) \tag{2.4}$$

これらの性質は**線形性**とよばれ，似たような性質は数学のいろいろな分野で現れる．なお，どちらも期待値の一般式から証明することはそれほど難しくはないが，本書では省略する．

例題 2.4

確率変数 X と Y の期待値が $E(X) = 3$，$E(Y) = 4$ のとき，確率変数 $Z = 5X + 7Y$ の期待値を求めよ．

[解] 線形性の 2 つの性質 (2.3) と (2.4) を合わせて使えばよい．
$$E(5X + 7Y) = E(5X) + E(7Y) = 5E(X) + 7E(Y)$$
$$= 5 \cdot 3 + 7 \cdot 4 = 43$$

[問題 2.4.1] ある人が 2 つのゲーム X，Y を行う．ゲーム X で得られる賞金の期待値が $E(X) = 30$ 円，ゲーム Y で得られる賞金の期待値が $E(Y) = 50$ 円のとき，両方のゲームを行って得られる賞金の期待値を求めよ．

[問題 2.4.2] あるギャンブル好きの人が競馬と競輪の券を購入した．1000 円

の券を購入して得られる賞金の期待値は，競馬で 400 円，競輪で 200 円であるという．彼は競馬と競輪にそれぞれ 1000 円を賭けた．彼が手にする賞金の期待値を求めよ．

2.1.5 独立な確率変数

世論調査などで全体から一部分の標本（サンプル）を選ぶ場合，それぞれの人の結果は互いに無関係であることが前提となる．これを確率変数の言葉では，**独立な確率変数**という．

第1章で述べたように，事象 B の起きる確率が，事象 A が起きたという情報を聞いても聞かなくても変わりがなく，一般に $P_A(B) = P(B)$ が成り立つとき，「事象 A と B は独立である」という．そして，これを別の表現でいうと，2つの事象 A と B の間に $P(A \cap B) = P(A) \times P(B)$ の関係が成り立つ，ということであった．この概念を，2つの確率変数の独立性に当てはめてみる．

確率変数 X がどのような値をとろうとも確率変数 Y がとる値には関係がなく，どのような値 x_i, y_j に対しても

$$P(X = x_i \cap Y = y_j) = P(X = x_i) \times P(Y = y_j) \tag{2.5}$$

が成り立つとき，2つの確率変数 X と Y は**独立**であるという．

また，一般に2つの確率変数 X と Y が独立のときには，2つの確率変数の積 XY の期待値がそれぞれの期待値の積に等しくなり，式で表すと次のようになる．

$$E(XY) = E(X) \cdot E(Y) \tag{2.6}$$

この性質を証明するのは難しくないが，本書では省略する．

2.2 確率変数の分散と標準偏差

先の2つの商店街の賞金で期待値に差がなく全く同じとき，何か別の判断基準はないだろうか．例えば，商店街 A では，ほとんどが期待値近くの金額しか当たらないが，商店街 B では，大金が当たる場合があるとしよう（このときは，はずれで何も賞金が得られないような場合も結構あるのだが）．このようなとき，商店街 A を選ぶか，B を選ぶかは人それぞれの判断では

2.2 確率変数の分散と標準偏差

あるが，期待値の周りに集中しているか，期待値から遠く離れる場合もあるかという情報が役に立つ．この情報を与えてくれるのが，これから述べる**分散**と**標準偏差**である．

2.2.1 確率変数の分散

年末に，ある駅の北側の商店街 A と南側の商店街 B が，5000 円以上の買い物をした人に賞金が当たるくじを配布しているとしよう．いま，A の賞金額を表す確率変数を X，B の賞金額を表す確率変数を Y とし，両者の確率分布が次のようになっていたとする．

商店街 A

確率変数 X	1000	2000	3000	4000	5000
確率	0.1	0.2	0.4	0.2	0.1

商店街 B

確率変数 Y	1000	2000	3000	4000	5000
確率	0.35	0.1	0.1	0.1	0.35

数値だけではわかりにくいので，両者の分布を棒グラフで表すと図 2.8 のようになる．

はじめに，両者の期待値を計算してみると，

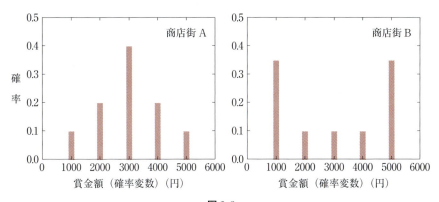

図 2.8

商店街 A の期待値：
$$E(X) = 1000 \cdot 0.1 + 2000 \cdot 0.2 + 3000 \cdot 0.4 + 4000 \cdot 0.2 + 5000 \cdot 0.1$$
$$= 3000$$

商店街 B の期待値：
$$E(Y) = 1000 \cdot 0.35 + 2000 \cdot 0.1 + 3000 \cdot 0.1 + 4000 \cdot 0.1 + 5000 \cdot 0.35$$
$$= 3000$$

となり，両者の分布の期待値は等しいことがわかる．（両者の分布が 3000 円を中心に左右対称になっているので，平均値は真ん中の 3000 円になるのは当然である．）

期待値（平均値）が同じであるから，たくさんくじを引けば，最終的にはどちらも同じ賞金額を得ることができることは確かであるが，以上の情報から，あなたならどちらの商店街のくじを選ぶだろうか．

商店街 A を選ぶと，X の分布から，平均値の 3000 円が当たる確率が高く，最高額の 5000 円は当たりにくい．商店街 B を選ぶと，Y の分布から，最高額の 5000 円が当たる確率が高くなるが，一方で，最低額の 1000 円が当たる確率も大きくなってしまう．というわけで，手堅くいくなら商店街 A を，（一獲千金ほどではないが）最高額を獲得できるような運に賭けるなら商店街 B を選ぶことになるだろう．

このようなときの判断に役立つのが，**確率変数の分散**である．**分散**とは，「各値が平均値 m（ここの例では 3000 円）からどのくらい離れているかという値を平均したもの」である．具体的には，下の表のように $(X-m)^2$ と $(Y-m)^2$ の期待値（平均値）を計算するのである．なお，$(X-m)^2$ と $(Y-m)^2$ の期待値 $E((X-m)^2)$ と $E((Y-m)^2)$ を，一般にそれぞれ $V(X)$，$V(Y)$ と表す．

$(X-m)^2$ の値	$(1000-m)^2$	$(2000-m)^2$	$(3000-m)^2$	$(4000-m)^2$	$(5000-m)^2$
$(Y-m)^2$ の値	$(1000-m)^2$	$(2000-m)^2$	$(3000-m)^2$	$(4000-m)^2$	$(5000-m)^2$
X の確率	0.1	0.2	0.4	0.2	0.1
Y の確率	0.35	0.1	0.1	0.1	0.35

上の例では，$V(X)$ と $V(Y)$ はそれぞれ，

$$\begin{aligned}V(X) &= E((X-m)^2) = E((X-3000)^2)\\&= (-2000)^2 \cdot 0.1 + (-1000)^2 \cdot 0.2 + 0 \cdot 0.4 + 1000^2 \cdot 0.2 + 2000^2 \cdot 0.1\\&= 1200000\end{aligned}$$

$$\begin{aligned}V(Y) &= E((Y-m)^2) = E((Y-3000)^2)\\&= (-2000)^2 \cdot 0.35 + (-1000)^2 \cdot 0.1 + 0 \cdot 0.1 + 1000^2 \cdot 0.1 + 2000^2 \cdot 0.35\\&= 3000000\end{aligned}$$

となる．

上の結果は，X の方が Y よりも分散の値が小さい，すなわち平均値3000の近くに集中して分布していることを表している．一方で，Y の方は X よりも分散の値が大きいことから，広い範囲に分布していることを表している．

では，分散の式を一般的に表してみよう．いま，確率変数 X が次のように分布しているとする．

確率変数 X	x_1	x_2	x_3	$\cdots$	x_n
確率	p_1	p_2	p_3	$\cdots$	p_n

確率変数 X の期待値 $E(X)$ を m とおくと，X の分散 $V(X)$ は次のように定義される．

$$V(X) = E((X-m)^2) = \sum_{i=1}^{n}(x_i - m)^2 \cdot p_i \tag{2.7}$$

また，確率変数 X が連続的に分布し，確率密度関数が $y = f(x)$ となる場合には，これまでと同様に，分散も次のような積分の式で表される．

$$V(X) = \int_{-\infty}^{\infty}(x-m)^2 f(x)\,dx \tag{2.8}$$

なお，分散については一般に次の性質が成り立つ．

(1) X の分散は，X^2 の期待値から平均値の2乗を引いた値に等しい．
$$V(X) = E(X^2) - m^2 \quad (\text{ただし，} m = E(X)) \tag{2.9}$$

(2) 確率変数の分散は，確率変数にある数を加えても変化しないが，a 倍すると，分散は a^2 倍になる．
$$V(aX + b) = a^2 V(X) \quad (a, b \text{は定数}) \tag{2.10}$$

(3) 確率変数 X と Y が独立ならば,次の式が成り立つ.
$$V(X+Y) = V(X) + V(Y) \qquad (2.11)$$

2.2.2 確率変数の標準偏差

分散はデータの散らばりの程度を表す値であるが,計算の途中で 2 乗しているので,一般に大きな値になる.そこで,その値の平方根を**標準偏差**といい,$\sigma(X)$ で表す.すなわち,分数 $V(X)$ を用いると
$$\sigma(X) = \sqrt{V(X)} \qquad (2.12)$$
と表される.

意味としては分散と同じで,標準偏差の値が小さいときは,値が平均値の近くにまとまって分布していることを意味し,標準偏差の値が大きいときは,平均値から離れたところにも値が分布していることを意味する.

例題 2.5

確率変数 X の分布が次のようになっているとする.

確率変数 X	40	50	60	70	80
確率	0.1	0.2	0.3	0.3	0.1

このとき,確率変数 X の分散と標準偏差を求めよ.

[解] X の期待値 $E(X)$ を m とすると,
$$\begin{aligned} m &= E(X) \\ &= 40\cdot 0.1 + 50\cdot 0.2 + 60\cdot 0.3 + 70\cdot 0.3 + 80\cdot 0.1 \\ &= 61 \end{aligned}$$
である.これから,X の分散 $V(X)$ は
$$\begin{aligned} V(X) &= E((X-m)^2) \\ &= (40-61)^2\cdot 0.1 + (50-61)^2\cdot 0.2 + (60-61)^2\cdot 0.3 + (70-61)^2\cdot 0.3 \\ &\quad + (80-61)^2\cdot 0.1 \\ &= 129 \end{aligned}$$
となる.また,標準偏差は分散の平方根であるから
$$\sigma(X) = \sqrt{V(X)} = \sqrt{129} \fallingdotseq 11.36$$
となる.

[問題 2.5.1] 確率変数 X の確率分布が次のようになっている．

確率変数	100	200	300
確率	0.3	0.1	0.6

X の期待値は $m = E(X) = 230$ である．この確率変数の分散 $V(X)$ と標準偏差 $\sigma(X)$ を求めよ．

[問題 2.5.2] 天気の長期的な予報により，スーパーで売られるキャベツ1個の価格 X が，1ヶ月後に100円になる確率が 0.1, 200円になる確率が 0.7, 300円になる確率が 0.2 であるという．1ヶ月後のキャベツの価格の期待値は $m = E(X) = 210$ である．この確率変数 X の分散 $V(X)$ と標準偏差 $\sigma(X)$ を求めよ．

2.3　2項分布とポアソン分布

野菜や果物は数個をセットにして販売することが多いが，例えば5個をセットで販売する場合，その中に不良品がいくつ含まれているか，またその確率はどのくらいかを知っておくことは，売る側としては大事なことである．

セットにする前の製品の山の中にはどうしても不良品が一定の割合で含まれてしまう．そこで，その不良品の割合から，セットにしたときの不良品の数とそれぞれの確率を求めたりする場合などに役立つのが，ここで述べる2項分布である．

2.3.1　2項分布

例えば，現在の物価指数と比較して，1ヶ月後に物価指数が上昇する確率が 0.6, 下落する確率が 0.4 であるとした場合，これは，変形した硬貨を投げて，表が出る確率が 0.6, 裏が出る確率が 0.4 であるという場合と確率的な構造は同じである．そこで，わかりやすくするために，ここでは変形した硬貨を投げる場合におきかえて考えよう．

いま，「硬貨を5回投げて，表が3回出る確率」を考えるとき，表を○，裏を×で表すと，「表が3回」といってもいろいろな場合があることがわかる．
　　○○○××，○○×○×，○○××○，○×○○×，○×○×○，
　　○××○○，×○○○×，×○○×○，×○×○○，××○○○

この場合，上の10通りがあるが，それぞれの確率とも $0.6 \cdot 0.6 \cdot 0.6 \cdot 0.4 \cdot 0.4 = 0.6^3 \cdot 0.4^2$ のように，いずれも同じ $0.6^3 \cdot 0.4^2$ となる．したがって，「表が3回，裏が2回」の確率は全部で10通りあるので，10倍して

$$10 \times 0.6^3 \cdot 0.4^2$$

となる．

一般に，「n 個のものから r 個選ぶ選び方」は**順列組み合わせ**とよばれ，次の式で計算できる．

$$_nC_r = \frac{n(n-1)\cdots(n-r+1)}{r(r-1)\cdots 1} \qquad (2.13)$$

この順列組合せの計算式を使うと，上の10通りというのは，「5回の中から表が3回出る場合を選ぶ方法の数」であり，

$$_5C_3 = \frac{5 \cdot 4 \cdot 3}{3 \cdot 2 \cdot 1} = 10$$

のようにして求められる．

したがって，「5回投げて3回表」の確率は $_5C_3 \cdot 0.6^3 \cdot 0.4^2$ となり，「表の出た回数」を表す確率変数を X とすると，次のように表せる．

$$P(X=3) = {_5C_3} \cdot 0.6^3 \cdot 0.4^2$$

一般に，1回の試行で事象 A の起きる確率を p，起きない確率を $q = 1-p$ とすると，この試行を n 回繰り返したとき，A が r 回起きる確率は次のように表せる．

$$P(X=r) = {_nC_r} \cdot p^r \cdot q^{n-r} \qquad (2.14)$$

これを**2項分布**とよび，n と p を定めると確定するので，$B[n,p]$ と表すこともある．

例えば，$n=5$, $p=0.6$, $q=1-p=0.4$ の場合の分布の表は次のように，また棒グラフは図2.9のようになる．ただし，確率の値は小数第4位を四捨五入してある．

表が出る回数	0	1	2	3	4	5
確率	0.010	0.077	0.230	0.346	0.259	0.078

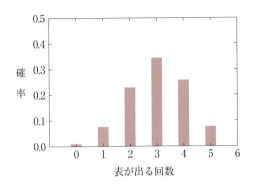

図 2.9

例題 2.6

普通の硬貨を 10 回投げたとき，表(おもて)が出る回数 r に対する確率を表で表せ．また，それを棒グラフで表せ．

[**解**] 表が r 回出る確率は ${}_{10}C_r \left(\dfrac{1}{2}\right)^r \left(\dfrac{1}{2}\right)^{10-r}$ で得られるから，これより次の表のようになる．ただし，確率の値は小数第 4 位を四捨五入してある．

表が出る回数	0	1	2	3	4	5	6	7	8	9	10
確率	0.001	0.010	0.044	0.117	0.205	0.246	0.205	0.117	0.044	0.010	0.001

これを棒グラフで表すと図 2.10 のようになる．

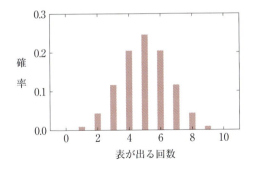

図 2.10

[**問題 2.6.1**] 普通のサイコロを 6 回投げたとき，⚃ の目が出る回数を表す確率分布（2 項分布）を表で表し，次にそれを棒グラフと折線グラフで表せ．

[**問題 2.6.2**] 製品の在庫の中に不良品が含まれる確率が 0.1 とする．ここから 4 個の製品をとり出したとき，不良品の個数が 0, 1, 2, 3, 4 となる確率を求めよ．また，それを棒グラフと折線グラフで表せ．

2.3.2　2 項分布の期待値・分散・標準偏差

2 項分布の期待値・分散・標準偏差には簡単な公式がある．いま，1 回の試行で事象 A が起きる確率を p，起きない確率を $q = 1 - p$ とし，n 回の試行で事象 A が起きる回数を表す確率変数を S_n とする．このとき，確率変数の期待値 $m = E(S_n)$，分散 $V(S_n)$，標準偏差 $\sigma(S_n)$ は次のように表される．

$$m = np \tag{2.15}$$
$$V(S_n) = npq \tag{2.16}$$
$$\sigma(S_n) = \sqrt{V(S_n)} = \sqrt{npq} \tag{2.17}$$

例題 2.7

普通の硬貨を 10 回投げたとき，表が出る回数の期待値，分散，標準偏差を求めよ．

[**解**]　$n = 10$, $p = 0.5$ である．2 項分布の期待値の公式 (2.15) より，
$$np = 10 \times 0.5 = 5$$
分散の公式 (2.16) より，
$$npq = 10 \times 0.5 \times 0.5 = 2.5$$
標準偏差の公式 (2.17) より，
$$\sqrt{npq} = \sqrt{2.5} \fallingdotseq 1.58$$
となる．

[**問題 2.7.1**] サイコロを 6 回投げたとき，出る目の期待値，分散，標準偏差を求めよ．

[**問題 2.7.2**] 不良品が出る確率が 0.1 の菓物を 4 個セットにした．このセットに入る不良品の個数の期待値，分散，標準偏差を求めよ．

2.3.3　ポアソン分布

ある都市の一日に起きる火災の件数や交通事故で死亡する人はそれほど多くはなく，頻繁に起きるわけではないとしよう．このように，「あまり頻繁

には起こらない事象の確率分布」を**ポアソン分布**という．

いま，ある機械が製造する製品を考えよう．この機械の場合，どうしても一定の割合で不良品が出てしまい，その確率が 0.01 であるとする．この機械で 200 個の製品をつくったときに不良品が個数 X だけできる確率は 2 項分布をするので，期待値は次のようになる．

$$m = E(X) = np = 200 \times 0.01 = 2$$

また，このときの 2 項分布のグラフは図 2.11 のようになる．

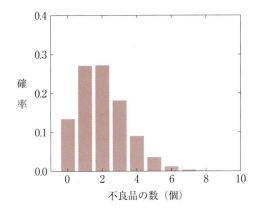

図 2.11

ところで，機械の性能が向上し，不良品の生じる確率が 0.001 まで抑えられたとしよう．このとき，製品 2000 個の中に不良品が個数 Y だけできる確率は同じく 2 項分布するので，その平均は次のようになる．

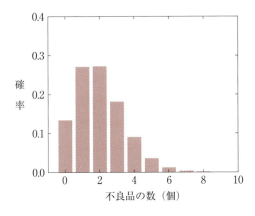

図 2.12

$$m = E(Y) = np = 2000 \times 0.001 = 2$$

また，このときのグラフは図 2.12 のようになる．

このグラフは，$n = 200$ のときとほとんど同じで区別ができない．その理由は，期待値が同じだからである．期待値を同じにしたまま n を増加させていったとき，期待値 m の分布に従う確率変数 X が値 k をとる確率の式は

$$P(X = k) = e^{-m} \frac{m^k}{k!} \tag{2.18}$$

のように表され，この式で表される確率の分布を**ポアソン分布**という．(e はネイピアの数とよばれ，$e \fallingdotseq 2.718$ である．経済・経営との関係では，連続的な複利計算などで現れる．詳しくは，微積分の教科書や拙著「経済・経営のための 数学教室」(裳華房) を参照されたい．)

確率変数 X が平均値 m のポアソン分布をするとき，その期待値と分散は次のようになる．

$$E(X) = m, \quad V(X) = m \tag{2.19}$$

この証明はここでは省略するが，次の式を活用すればよい．

$$e^m = 1 + \frac{m}{1!} + \frac{m^2}{2!} + \frac{m^3}{3!} + \cdots$$

$m = 2$ の場合のポアソン分布の棒グラフは図 2.13 のようになり，2 項分布の場合のグラフとほとんど同じになる．

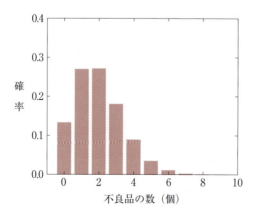

図 2.13

2.3 2項分布とポアソン分布

例題 2.8

ポアソン分布に近い実際の例として，一日の火災件数を調べてみよう．例えば，東京消防庁のホームページには毎日の火災件数が載せられており，平成 24 年の 4 月と 5 月を合わせた一日に起きた火災件数は次のようになっていた．

火災件数	5	6	7	8	9	10	11	12	13	14	15
該当日数	1	4	1	3	6	5	4	6	6	4	2
確率	0.02	0.07	0.02	0.05	0.10	0.08	0.07	0.10	0.10	0.07	0.03

火災件数	16	17	18	19	20	21	22	23	24	25	26
該当日数	3	3	4	3	1	2	1	0	2	0	0
確率	0.05	0.05	0.07	0.05	0.02	0.03	0.01	0.00	0.03	0.00	0.00

(1) 表で表された分布の棒グラフを描け．
(2) 表で表された分布の期待値 m を求めよ．
(3) 平均値が m のポアソン分布の棒グラフを描き，(1) のグラフと比較せよ．

[解] (1) 図 2.14 のようなグラフになる．横軸が一日に起きた火災の件数であり，縦軸は，そのような火災が起きた件数に該当する日数の割合（確率）である．

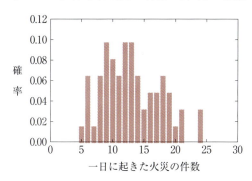

図 2.14

(2) $m = 5 \times \dfrac{1}{61} + 6 \times \dfrac{4}{61} + 7 \times \dfrac{1}{61} + \cdots + 24 \times \dfrac{2}{61} \fallingdotseq 12.8$

(3) ポアソン分布のグラフは，横軸の k という値に対して縦軸に確率 $e^{-m}\dfrac{m^k}{k!}$（m は期待値）をとる．この値をパソコンで計算すると図 2.15 のグラフになる．

データ（日数）の数が 2ヶ月と少ないために，実際のデータとポアソン分布は少し差があるが，一日当たりの火災件数は，ほぼポアソン分布に近いことがわかる．

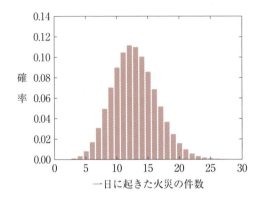

図 2.15

[問題 2.8.1] 平均値が 5 のポアソン分布のグラフを描け．

[問題 2.8.2] ある小さな町のある交差点を，午前 9 時から 10 時までの 1 時間の間に通過する車両の数を 1ヶ月（30 日）にわたって調べたところ，次の表のようになった．

車両台数	2	3	4	5	6	7	8	9	10
日数	1	2	4	8	4	2	5	1	3
日数の割合	0.03	0.07	0.13	0.27	0.13	0.07	0.17	0.03	0.10

(1) この分布を棒グラフと折線グラフで表せ．また，この分布の平均値 m を求めよ．

(2) 期待値が m のポアソン分布のグラフを描いて，(1) のグラフと比較せよ．

2.4 大数の法則

ここまで，「確率とは多数回の試行で，ある事象の起きる相対頻度が安定していくときの値」であると述べてきたが，このことを，「現実に起こる**大数の法則**」ともいう．現実に起こる大数の法則は，公理から出発した確率論で示すことができる．

2.4 大数の法則

「大数の法則」というとき，現実の客観的な事実としての大数の法則と，理論的に示した大数の法則の両方があるのだが，両者の関係を正しく理解しておくことが必要である．

そして，この大数の法則には弱法則と強法則があるので，この節ではそれについて理論的な表現を紹介しておく．そんな訳で，数学の苦手な人は本節は飛ばしてしまっても構わない．

2.4.1 大数の弱法則

確率の基本性質（公理）から，相対頻度が安定していくことを表現したり証明できるのが，数学における**大数の弱法則**である．

本書の最初で相対頻度の安定性について述べたが，20人でサイコロを投げたとき，⚀の目が出る相対頻度は，投げる回数を増やすとあまり違わなくなっていった．何人かの相対頻度が一定の値に近づいていくという法則を「弱法則」というのであるが，理論的な大数の弱法則は次のように表せる．

⚀（一般には事象 A）の起きる相対頻度と $\frac{1}{6}$（一般には p）との差は，サイコロを投げる回数を増やせばいくらでも小さくできる．数学では，「限りなく小さくできる」ことを「任意の数 ε より小さくする」，「試行回数 n を十分大きくすれば」ということを「ある N があって，それより大きい $n > N$ に対して」，そして，「このような確率が限りなく 1 に近い確率で起きる」ということを「限りなく 1 に近い数 δ より大きい」と表現する．

まとめると，任意の $\varepsilon > 0$ と $0 < \delta < 1$ に対して，ある N があり，$n > N$ なる任意の n に対して次の不等式が成り立つ．

$$P\left(\left|\frac{S_n}{n} - p\right| < \varepsilon\right) > \delta \tag{2.20}$$

この式は，極限の記号を使って次のように表せる．

$$\lim_{n \to \infty} P\left(\left|\frac{S_n}{n} - p\right| < \varepsilon\right) = 1 \tag{2.21}$$

大数の弱法則を理論的に導き出す証明はそれほど複雑ではないが，本書では省略する．興味のある読者は，拙著「ファイナンスと確率」（朝倉書店）等を参照されたい．

2.4.2 大数の強法則

正常な硬貨の場合，ある1人が投げる回数をどんどん増やしていくと，表（裏）が出る相対頻度は，次第に $\frac{1}{2} = 0.5$ に近づいていき，例えば，図 2.16 のようになる．

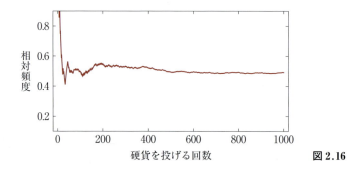

図 2.16

図からもわかるように，投げる回数を増やしていくと，相対頻度は次第に 0.5 に近くなっていくのであるが，途中で少し 0.5 から離れてしまうこともあるので注意が必要である．上の図は 1000 回までであるが，さらに増やして 10000 回くらい投げれば，途中，紆余曲折はあっても，さらに 0.5 に近づいていくことがわかる．この1人の相対頻度が確率の値に近づいていくという法則を，一般に**大数の強法則**という．

これを極限の記号を使って表せば次のようになる．

$$P\left(\lim_{n\to\infty} \frac{S_n}{n} = p\right) = 1 \tag{2.22}$$

強法則の証明は弱法則よりかなり複雑である．本書では省略するが，興味のある読者は確率論の専門書を参照されたい．

2.5 正規分布と中心極限定理
2.5.1 正規分布

たくさんの要因が重なり合って1つの結果（量）が生じるような場合，その量の大きさの分布は同じようなつりがね状の形をした分布になる．このとき，その分布のことを**正規分布（ガウス分布）**という．

2.5 正規分布と中心極限定理

数学者で物理学者でもあったガウスは，天文学の研究から，正規分布の確率密度関数が次のように表せることを見出した．

$$y = f(x) = \frac{1}{\sqrt{2\pi}\,\sigma} e^{-\frac{(x-m)^2}{2\sigma^2}} \tag{2.23}$$

このグラフは図 2.17 のようになる．

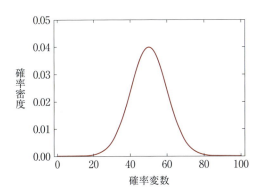

図 2.17

正規分布には平均値 m と標準偏差 σ の 2 つのパラメータがある．m の値が増えるとグラフが右に移動し，σ が減るとグラフのとんがりが鋭くなり，σ が増えると左右に幅広く広がっていく．

確率変数 X が平均値 m，標準偏差 σ の正規分布をするとき，次の式が成り立つ．

$$m = E(X) = \int_{-\infty}^{\infty} x f(x)\,dx \tag{2.24}$$

$$\sigma = \sqrt{V(X)} = \sqrt{\int_{-\infty}^{\infty} (x-m)^2 f(x)\,dx} \tag{2.25}$$

この証明は多少複雑な積分の計算が必要なので，ここでは省略する．

正規分布のグラフは，平均値を中心にして左右対称である．確率は全体で必ず 1 であるから，右半分，左半分の確率（面積）はそれぞれ 0.5 である．

X が正規分布するとき，ある区間の確率を求めるには積分が必要になる．コンピュータの数学ソフトを使えば簡単に計算できるが，巻末の付表 1 を使うとコンピュータがなくても確率は求められる．この表は**正規分布表**とよばれ，確率や統計の本にはよく載っているが，インターネットでもすぐにみつ

けることができる.

付表1は，平均値が0，標準偏差が1の正規分布（これを**標準正規分布**という）で，0から任意のtまでの確率$P(0 \leq X \leq t)$を表している．左端の数値がtの数値で，上の段の数値は，tの数値を0.01刻みに詳しくした場合の数値である．例えば，$t = 2.37$のときの確率は，左端の数値で2.3の行と，上の段の数値で0.07の列がクロスするところにある値を読んで，確率は0.4911となる．

例題 2.9

確率変数Xが平均値0，標準偏差1の標準正規分布をするとき，次の確率Pを求めよ．

(1)　$P(0 \leq X \leq 2.35)$

(2)　$P(1.28 \leq X \leq 2.73)$

(3)　$P(0.46 \leq X)$

(4)　$P(X \leq -1.98)$

[解]　(1)　付表1の左端の数値2.3の行と，上の段の数値で0.05の列がクロスするところにある値を読めばよいから，確率は0.4906となる．

(2)　2.73までの確率から1.28までの確率を引けばよいので，
$$0.4968 - 0.3997 = 0.0971$$
となる．

(3)　右半分で0.5であることから，
$$0.5 - P(0 \leq X \leq 0.46) = 0.5 - 0.1772 = 0.3228$$
となる．

(4)　グラフが左右対称であることから，$P(X \geq 1.98)$と同じである．右半分が0.5であることから，
$$0.5 - P(0 \leq X \leq 1.98) = 0.5 - 0.4761 = 0.0239$$
となる．

[**問題 2.9.1**]　確率変数Zが平均値0，標準偏差1の標準正規分布をするとき，次の確率Pを求めよ．

(1)　$P(0 \leq Z \leq 1.39)$

(2)　$P(1.42 \leq Z \leq 2.38)$

(3)　$P(0.27 \leq Z)$

(4) $P(Z \leq -1.67)$

確率変数 X が，平均値が 0 以外の m，標準偏差が 1 以外の σ の正規分布をするときは，次の変換をすると Z が標準正規分布になり，付表 1 の標準正規分布表が使えるようになる．これを，X を正規化すると Z になる，という．

$$Z = \frac{X - m}{\sigma} \quad (2.26)$$

この Z が平均値 0，標準偏差 1 の標準正規分布になることを実際に確かめると，(2.3) と (2.4) より次のようになる．

$$E(Z) = \frac{E(X - m)}{\sigma} = 0 \quad (2.27)$$

$$V(Z) = \frac{V(X)}{\sigma^2} = \frac{\sigma^2}{\sigma^2} = 1, \quad \sigma(X) = 1 \quad (2.28)$$

例題 2.10

確率変数 X が平均値 $m = 50$，標準偏差 $\sigma = 10$ の正規分布をするとき，次の確率 P を求めよ．

(1) $P(50 \leq X \leq 60)$

(2) $P(60 \leq X \leq 80)$

(3) $P(70 \leq X)$

(4) $P(40 \leq X \leq 65)$

[解] (2.26) を使って Z を変換した後，付表 1 を使って求めればよい．

(1) $P(50 \leq X \leq 60) = P\left(\frac{50 - 50}{10} \leq \frac{X - 50}{10} \leq \frac{60 - 50}{10}\right)$
$= P(0 \leq Z \leq 1)$
$= 0.3413$

(2) $P(60 \leq X \leq 80) = P\left(\frac{60 - 50}{10} \leq \frac{X - 50}{10} \leq \frac{80 - 50}{10}\right)$
$= P(1 \leq Z \leq 3)$
$= 0.4986 - 0.3413 = 0.1573$

(3) $P(70 \leq X) = P\left(\frac{70 - 50}{10} \leq \frac{X - 50}{10}\right)$

$$
\begin{aligned}
&= P(2 \leq Z) \\
&= 0.5 - P(0 \leq Z \leq 2) \\
&= 0.5 - 0.4772 = 0.0228
\end{aligned}
$$

(4) $\displaystyle P(40 \leq X \leq 65) = P\left(\frac{40-50}{10} \leq \frac{X-50}{10} \leq \frac{65-50}{10}\right)$
$$
\begin{aligned}
&= P(-1 \leq Z \leq 1.5) \\
&= P(-1 \leq Z \leq 0) + P(0 \leq Z \leq 1.5) \\
&= P(0 \leq Z \leq 1) + P(0 \leq Z \leq 1.5) \\
&= 0.3413 + 0.4332 = 0.7745
\end{aligned}
$$

[問題 2.10.1] 確率変数 X が平均値 $m = 60$, 標準偏差 $\sigma = 20$ の正規分布をするとき, 次の確率 P を求めよ.

(1) $P(60 \leq X \leq 80)$

(2) $P(70 \leq X \leq 90)$

(3) $P(65 \leq X)$

(4) $P(40 \leq X \leq 75)$

[問題 2.10.2] ある養鶏場でできる鶏卵の重さ X は, ほぼ正規分布をし, X の平均値は 50 g, 標準偏差は 8 g であるという. ランダムに鶏卵をとり出したときの鶏卵の重さ X について, 次の確率 P を求めよ.

(1) $P(56 \leq X \leq 60)$

(2) $P(60 \leq X \leq 66)$

(3) $P(66 \leq X)$

(4) $P(46 \leq X \leq 64)$

2.5.2 2項分布から正規分布へ

2項分布の計算は, 例えば「硬貨を 1000 回投げて, 表が 600 回以上出る確率」を求めようとすると, パソコンを使えば楽とはいえ, 結構面倒なことになる. ところが, X が標準正規分布をするならば, 例えば確率 $P(0.5 < X < 1.34)$ は標準正規分布表から簡単に求められる.

実は, 硬貨を投げる回数が大きくなると, 2項分布は正規分布に極めて近くなるので, 2項分布の確率を正規分布で近似することで, 標準正規分布表から求めることができるのである. そこで, ここでは 2項分布が正規分布に近くなっていくことについて, ごく簡単に紹介しよう.

2.5 正規分布と中心極限定理

図 2.18 の $n=100$, $p=0.5$ と $n=1000$, $p=0.5$ の 2 項分布のグラフをみてほしい．これらのグラフからわかることは，n が大きくなると，グラフが正規分布のグラフに近くなっていくということである．このグラフは $p=0.5$ の場合であるが，実は p の値は 0.5 でなくてもよい．

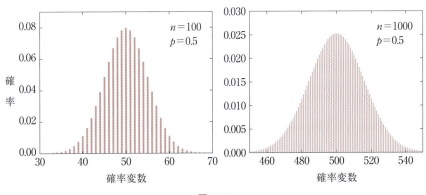

図 2.18

ある事象が起こる回数を表す確率変数 S_n が 2 項分布するときの平均値は np であったから，$S_n - np$ の期待値は (2.27) より 0 になる．また，S_n の標準偏差は $\sqrt{npq}$ であったから，$(S_n - np)/\sqrt{npq}$ の標準偏差は (2.28) より 1 になる．そこで，$(S_n - np)/\sqrt{npq}$ は期待値が 0，標準偏差が 1 の標準正規分布に近くなっていくのである．

これを式で表すと次のようになる．ここで Z は，標準正規分布をする確率変数である．

$$\lim_{n \to \infty} P\left(a < \frac{S_n - np}{\sqrt{npq}} < b\right) = P(a < Z < b)$$

2 項分布は n を大きくしていくと正規分布に近づくという中心極限定理は，2 項分布でなくても，$X_k (k=1, 2, \cdots, n)$ が，同じ分布をする独立な確率変数ならば，$S_n = X_1 + X_2 + \cdots + X_n$ について中心極限定理が成り立つ．さらには，「同じ分布」という条件を外しても，一定の条件の下で中心極限定理が成り立つことがわかっている．

2 項分布が正規分布に近づいていくという場合は**ド・モアブル-ラプラス**

の定理ともよばれ，証明は比較的容易であるが，本書では省略する．興味のある読者は，拙著「ファイナンスと確率」（朝倉書店）や，一般の場合の中心極限定理の証明などは確率論の専門書を参照してほしい．

例えば，ある果樹園から収穫されるりんご1個の重さは，土の状態，りんごの木の位置，日の当たり具合，等々の様々な要因が重なり合って決まってくる．すなわち，様々な要因が重なり合うことで，りんごの重さは中心極限定理によって正規分布をするのである．

その他にも，例えばそれぞれの動物の重さとか，植物の背の高さとか，人の通勤時間などの多くの量が，大数の法則から正規分布をするのである．

第 2 章のポイント

1. **確率変数** X は確率的に変化する数値のことであり，**離散的**な場合と**連続的**な場合がある．離散的な場合は，X のとる値 x_n に対する確率 $P(X = x_n) = p_n$ が定まる．連続的な場合には，X のとる値の範囲に対して確率 $P(a < X < b)$ が定まる．
2. 連続的な場合は確率密度関数 $f(x)$ の積分（面積）で確率が求められる．
3. 確率変数 X が x 以下となる確率は $F(x) = P(X \leq x)$ と表され，**累積分布関数**とよばれ，x の増加関数となる．
4. 確率変数 X の平均値（期待値）は次のように定義される．

   離散的な場合： $m = E(X) = \sum_{k=1}^{n} x_n p_n$

   連続分布の場合： 確率密度関数を $f(x)$ とすると
   $$m = E(X) = \int_{-\infty}^{\infty} x f(x) dx$$
5. 確率変数 X，Y の期待値は次の性質をもつ．
   $$E(X + Y) = E(X) + E(Y), \quad E(aX) = aE(X)$$
6. 確率変数 X と Y が独立ならば，次の性質が成り立つ．
   $$E(XY) = E(X)E(Y)$$
7. 確率変数の散らばりの程度を表す分散 $V(X)$ は，平均値（期待値）を m とすると次のように定められる．

   離散的な場合： $V(X) = \sum_{k=1}^{n} (x_n - m)^2 p_n$

   連続的な場合： $V(X) = \int_{-\infty}^{\infty} (x - m)^2 f(x) dx$
8. 確率変数 X の分散 $V(X)$ の平方根を，確率変数 X の**標準偏差**といい，次のように表す．
   $$\sigma = \sqrt{V(X)}$$
9. 1 回の試行で事象 A が起きる確率を p，起こらない確率を $q = 1 - p$ とおく．n 回の試行で事象 A が起きる回数 S_n が r である確率は次の式で表され，これを **2 項分布**という．また，この分布の平均値は np であり，分散は npq，標準偏差は $\sqrt{npq}$ である．
   $$P(S_n = r) = {}_n C_r p^r q^{n-r}$$
10. 「相対頻度の安定性」を理論的に表したのが**大数の法則**とよばれるものであり，**弱法則**と**強法則**がある．
11. 正規分布は，確率密度関数が次のような連続分布をするものである．ここで期待値は m，分散は $v = \sigma^2$，標準偏差は σ である．
    $$y = f(x) = \frac{1}{\sqrt{2\pi}\sigma} e^{-\frac{(x-m)^2}{2\sigma^2}}$$
12. 2 項分布は，n を大きくしていくと正規分布に近づいていく．これを**中心極限定理**という．

第3章 データの構造を理解する

　データとは，一定の基準で選ばれた量（数値）のことである．例えば毎月の売上高をみて，そこから何を読みとるか．膨大なデータをただぼんやり眺めていても，何もわかってこない．データの構造を理解し，そこから貴重な情報をとり出すためには，いろいろな方法がある．本章では，それらの方法について述べる．

　すでに確率のところで述べたが，データを代表する数値である平均値や標準偏差がどのような概念で，どのように計算されるのかを，今度はデータを扱いながら改めて述べる．また，その有効性と同時に限界についても述べ，データを図式化して各種のグラフや表で表す方法についても述べる．

3.1　度数分布表とヒストグラム
3.1.1　概数とソート

　ここでは，「多数のデータ」の例として，ある自動車メーカーの月別生産台数を例にしてみてみよう．乗用車用と商用を合わせた，日本国内での生産分について，過去98ヶ月間の月別生産台数は次のように公表されている．

293737, 299643, 310119, 254896, 250477, 278329, 307356, 209762, 297861, 271285, 258814,
234526, 278804, 300652, 303344, 271880, 274964, 282462, 319274, 233514, 300706, 289961,
266817, 234521, 295630, 346215, 364928, 275761, 274811, 311672, 341200, 262164, 271517,
265042, 257783, 226190, 234045, 283556, 129491, 53823, 107437, 249660, 262328, 252374,
309387, 316597, 276851, 284477, 268888, 309933, 347281, 249123, 235412, 296867, 299636,
225634, 305853, 237089, 263310, 243829, 209224, 141127, 161346, 145516, 192637, 251171,
261099, 199084, 310115, 305484, 326893, 288578, 350277, 392457, 388094, 331100, 331597,
365135, 370572, 261256, 347639, 341948, 288138, 244175, 330101, 369801, 392422, 327552,
322841, 368513, 311181, 310365, 360071, 411829, 395788, 325673, 319765, 368292

3.1 度数分布表とヒストグラム

月別の生産台数を分析するのに，1台単位まで考えて分析してもあまり意味はないだろう．そこで，ここでは1000台までを四捨五入したデータ（**概数**）にしよう．

さて，生産台数が多い月と少ない月が混合しているのではわかりにくいので，はじめに行う分析は，「データを大きさの順に並べ替える」（**ソート**ということである．もちろん手作業で行うのは大変なので，コンピュータを活用するのが一般的である（どのソフトでも，Sortというコマンドがあるだろうから，その機能を用いるとよい）．

ソートした月別の生産台数（概数：単位は千台）

54, 107, 129, 141, 146, 161, 193, 199, 209, 210, 226, 226, 234, 234, 235, 235, 237, 244, 244, 249, 250, 250, 251, 252, 255, 258, 259, 261, 261, 262, 262, 263, 265, 267, 269, 271, 272, 272, 275, 275, 276, 277, 278, 279, 282, 284, 284, 288, 289, 290, 294, 296, 297, 298, 300, 300, 301, 301, 303, 305, 306, 307, 309, 310, 310, 310, 310, 311, 312, 317, 319, 320, 323, 326, 327, 328, 330, 331, 332, 341, 342, 346, 347, 348, 350, 360, 365, 365, 368, 369, 370, 371, 388, 392, 392, 396, 412

3.1.2 外れ値

このソートしたデータをみると，最小の生産台数である，5万4千台というのが，他に比べて極端に低いことがわかる．この自動車メーカーの人たちは，その原因を知っているかもしれないが，部外者にはその理由はわかりにくい．予想されるのは，例えば，労使紛争が激化して，労働組合が長期間にわたってストライキをしたために，自動車が生産できなかったとか，経営陣が大幅に変わって，新しい方針を出すまで生産をストップさせていたとか，合理化を進めるため，大きな工場をいくつか閉鎖していた，などであろう．

いずれにしても，この自動車メーカーにとっては異常な事態が起こって，正常な生産が行われなかったと考えられるので，分析の対象からは外した方がいいであろうと思われる．

統計的には，極端に離れた値をとるデータを**外れ値**といって，分析の対象から外すのであるが，どのくらい外れていれば分析から除外するかは，実際には難しいところである．そのため，例えば「ストライキで生産がストップした月を除く」といったように，合理的な理由が必要になる．

データの数値だけで「外れ値」かどうかを判断するための統計的方法もあるが，基になっているデータ自身の分析を合わせて行うことが必要である．単に他の値から離れているという理由だけで外れ値として除外することは危険な場合もあるので，単に数値だけで判断しないことが重要である．

上に挙げた自動車メーカーの月別生産台数の例では，極端に少ない月の理由が記されていないが，ここでは，とりあえず，5万4千台を「外れ値」として除外しよう．

なお，外れ値については，後の箱ひげ図のところでもう一度扱うことになる．

3.1.3 度数分布表

自動車メーカーの月別生産台数を分析するには，「どのくらいの生産台数の月がどのくらいあったか」を調べなくてはならない．そのためには，月別生産台数の基準を，例えば，5万台とか10万台に区切って，「その区間の中に該当の月がいくつあるか」を調べるのがよい．ここでは，5万台に区切ってみよう．

10万台以上15万台未満の月数，15万台以上20万台未満の月数，のように順に調べてみると，結果は次の表のようになる．この表のことを**度数分布表**という．なお，5万4千は外れ値として除いてある．

この結果をグラフにするとわかりやすいので，ここでは棒グラフで表して

生産台数の範囲 (万台)	該当月数
$10 \leq X < 15$	4
$15 \leq X < 20$	3
$20 \leq X < 25$	13
$25 \leq X < 30$	34
$30 \leq X < 35$	30
$35 \leq X < 40$	12
$40 \leq X < 45$	1

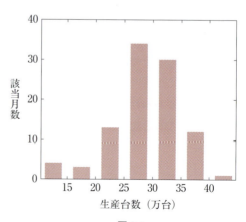

図 3.1

みよう．図3.1のように，棒グラフではとびとびの値にしかデータが存在しないようにみえてしまうので，連続的な量の分布に対しては，このグラフではよくない．そこで，棒グラフの各棒の間の隙間をなくしたのが図3.2のグラフで，これを**ヒストグラム**（**柱状グラフ**）という．

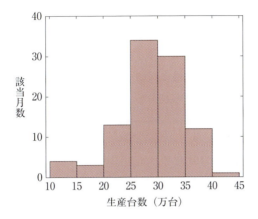

図 3.2

度数分布の区分けの仕方が5万では大きすぎると感じたときは，4万とか2万など，区切り方を変えてみればよい．図3.3のグラフは3万ずつで区切った場合である．どちらがよいかは分析の目的にもよるため，一概には決められない．

統計用のパソコンソフトによっては区分を指定するとすぐにグラフを描いてくれるので，区分の幅をいろいろ変えて，目的にあったグラフを選べばよい．

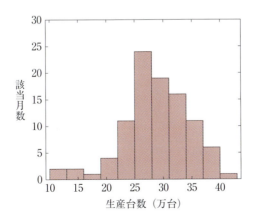

図 3.3

区分の個数を決める絶対的な判断基準というものがあるわけではない．

例題 3.1

次のデータは，ある農家の畑から収穫された農作物 30 個についての 1 個の重さ（g）である．ここでは，はじめから小さい値から大きい値へと順番に並べてある．

5.3, 5.4, 5.4, 5.7, 6.2, 6.3, 6.5, 6.5, 7.3, 7.4, 7.4, 7.5, 7.7, 7.7, 7.7, 7.8, 7.8, 7.9, 8.2, 8.3, 8.5, 8.6, 8.6, 8.7, 8.9, 9.1, 9.6, 9.8, 9.9, 10.3

(1) 上のデータを適当な階級に区切って，度数分布表で表せ．
(2) (1) で作成した度数分布表をヒストグラムで表せ．

［解］ (1) 階級の幅を 0.2, 0.3, 0.4, 0.5 などに変えて，いろいろ試みるとよい．ここでは，0.5 を基準にした度数分布表を示す．

重さの幅（g）	該当数	重さの幅（g）	該当数
$5 \leq X < 5.5$	3	$8.0 \leq X < 8.5$	2
$5.5 \leq X < 6.0$	1	$8.5 \leq X < 9.0$	5
$6.0 \leq X < 6.5$	2	$9.0 \leq X < 9.5$	1
$6.5 \leq X < 7.0$	2	$9.5 \leq X < 10.0$	3
$7.0 \leq X < 7.5$	3	$10.0 \leq X < 10.5$	1
$7.5 \leq X < 8.0$	7		

(2) (1) の度数分布表をヒストグラムで表すと図 3.4 のようになる．

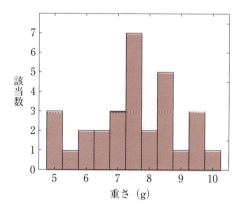

図 3.4

[問題 3.1.1] 次のような，20 個のデータがある．
45, 46, 46, 48, 48, 48, 50, 51, 52, 53, 54, 54, 55, 56, 57, 57, 58, 59, 60, 63
(1) 上のデータを適当な階級に区切って，度数分布表で表せ．
(2) (1) で作成した度数分布表をヒストグラムで表せ．

[問題 3.1.2] 総務省統計局発表の，2013 年 1 月から 2015 年 1 月までの 25ヶ月の各月における消費者物価指数は次のようになっていた．

$$
\begin{array}{cccccccc}
99.3 & 99.2 & 99.4 & 99.7 & 99.8 & 99.8 & 100.0 & 100.3 & 100.6 \\
100.7 & 100.8 & 100.9 & 100.7 & 100.7 & 101.0 & 103.1 & 103.5 \\
103.4 & 103.4 & 103.6 & 103.9 & 103.6 & 103.2 & 103.3 & 103.1
\end{array}
$$

(1) 上のデータを適当な階級に区切って，度数分布表で表せ．
(2) (1) で作成した度数分布表をヒストグラムで表せ．

3.2 データの平均・分散・標準偏差

3.2.1 データの平均（平均値）

次の表は 2015 年 1 月から 8 月までの自動車メーカー別の生産台数である．

メーカー名	1月	2月	3月	4月	5月	6月	7月	8月
A 社	251814	275839	294514	247247	215144	285797	297492	214358
B 社	72959	77621	86437	68174	68466	89465	80655	69185
C 社	81861	86304	102556	84635	72939	80822	80655	62669
D 社	83653	85239	77069	63311	66978	78440	82668	52398
E 社	56229	58593	64682	53358	53204	64442	67367	46246
F 社	60132	63593	62841	51951	43773	54473	61244	45897
G 社	74089	73793	76685	52951	44826	57745	52427	40572
H 社	44826	57745	52427	40572	40415	52935	55423	37607

（出典は，各社のニュースリリースによる．単位は台）

いろいろな自動車メーカーの生産台数を比較することは，これまでのように度数分布表で表したり棒グラフやヒストグラムで表すだけでは，なかなか大変である．

そこで役に立つのが，**平均**という考え方である．1 つの自動車メーカーの 1ヶ月当たりの生産台数を，平均値という 1 つの値で代表させるのである．平均値を使うと，他の自動車メーカーと比較する場合などに便利である．

さて，**平均値**の求め方であるが，これは 2.1.3 項でも述べたように小学校のときに学んだ平均値と同じである．例えば，1, 3, 6, 10 の平均値を m とすると，すべて加えて個数 4 で割ればよいので

$$m = \frac{1+3+6+10}{4} = \frac{20}{4} = 5$$

となる．

平均値の概念は，図 3.5 のようにシーソーでたとえるとわかりやすい．ここでの例でいえば，5 m の所にシーソーの支点を置き，

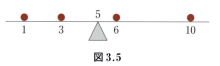

図 3.5

1 m, 3 m, 6 m, 10 m のところに同じ体重（g kg重とする）の人が同時に載ればシーソーはつり合う（どちらにも傾かない）ということを意味する．シーソーが回転しようとする力（モーメントという）は，「支点からの距離」×「その点にはたらいている力（重さ）」で求められるから，つり合うときは，この合計が 0 になるということである．

$$(1-5)g + (3-5)g + (6-5)g + (10-5)g = 0$$

なお，平均値は「データを代表する値の 1 つ」ではあるが，この図をみるとわかるように，平均値の近くにデータが集中しているわけではないことに注意が必要である．

では，各自動車メーカーの月別生産台数の平均値を求めてみよう．例えば，A 社の 2015 年の 1 月から 8 月までの月別の生産台数の平均値は，各月の和を S とすると

$$S = 251814 + 275839 + 294514 + 247247$$
$$+ 215144 + 285797 + 297492 + 214358$$
$$= 2082205$$

となるので，平均値を m として，S を 8ヶ月分の 8 で割ると

$$平均値 = m = \frac{S}{8} \fallingdotseq 260276$$

となる．

同様にして，自動車メーカー各社の月別生産台数の平均値を求めると次の

3.2 データの平均・分散・標準偏差

表のようになる．

すべてのデータ（値）がわかっているときには，その値の和を求めて，それをデータの総数で割れば平均値を求めることができるが，ここでは，度数分布表しかわからない場合の平均値の求め方について述べる．

いま，ある企業の職員1453人の年収の度数分布表が次のようになっていたとする．すなわち，元のデータ（ローデータともいう）はわからずに，この度数分布表しか情報がないとする．こうした場合の平均値は，各区間（階級ともいう）の中心の値をその区間の人すべてがとったとして計算すればよい．

メーカー名	月別生産台数の平均値（台／月）
A 社	260276.0
B 社	76620.3
C 社	81555.1
D 社	73719.5
E 社	58015.1
F 社	55488.0
G 社	59136.0
H 社	47743.8

年収の幅（万円）	該当人数	年収の幅（万円）	該当人数
$50 \leq X < 100$	12	$500 \leq X < 550$	30
$100 \leq X < 150$	26	$550 \leq X < 600$	0
$150 \leq X < 200$	101	$600 \leq X < 650$	0
$200 \leq X < 250$	185	$650 \leq X < 700$	0
$250 \leq X < 300$	197	$700 \leq X < 750$	0
$300 \leq X < 350$	98	$750 \leq X < 800$	0
$350 \leq X < 400$	116	$800 \leq X < 850$	0
$400 \leq X < 450$	292	$850 \leq X < 900$	0
$450 \leq X < 500$	396		

$$\frac{75 \cdot 12 + 125 \cdot 26 + 175 \cdot 101 + \cdots + 875 \cdot 0}{1453} = \frac{520925}{1453} = 358.5168 \cdots \fallingdotseq 359$$

この値は，（ここでは示さないが）ローデータから計算した平均値358とほとんど同じ値である（0.3％しか違わない）．

データの各階級の中点の値を $x_1, x_2, x_3, \cdots, x_n$ とし，その区間に入るデータの割合を $f_1, f_2, f_3, \cdots, f_n$ とすると，一般に，このデータの平均値 m は次の式で表せる．

$$m = x_1 f_1 + x_2 f_2 + x_3 f_3 + \cdots + x_n f_n = \sum_{k=1}^{n} x_k f_k \qquad (3.1)$$

この式は，確率変数の期待値（平均値）を求めるときと全く同じ式 (2.1) であることを思い出してほしい．

例題 3.2

次のようなデータがあったとする．

5.3, 5.4, 5.4, 5.7, 6.2, 6.3, 6.5, 6.5, 7.3, 7.4, 7.4, 7.4, 7.5,
7.7, 7.7, 7.7, 7.8, 7.8, 7.9, 8.2, 8.3, 8.5, 8.6, 8.7, 8.9, 9.1,
9.6, 9.8, 9.9, 10.3

このデータの平均値を次の方法で求めよ．

(1) ローデータから求めよ．

(2) 次の度数分布表から平均値を求めよ．

重さの幅	該当数	重さの幅	該当数
$5 \leq X < 5.5$	3	$8.0 \leq X < 8.5$	2
$5.5 \leq X < 6.0$	1	$8.5 \leq X < 9.0$	4
$6.0 \leq X < 6.5$	2	$9.0 \leq X < 9.5$	1
$6.5 \leq X < 7.0$	2	$9.5 \leq X < 10.0$	3
$7.0 \leq X < 7.5$	4	$10.0 \leq X < 10.5$	1
$7.5 \leq X < 8.0$	7		

[解] (1) 次の計算で得られる．

$$m = \frac{1}{30}(5.3 + 5.4 + 5.4 + 5.7 + 6.2 + 6.3 + 6.5 + 6.5 + 7.3 + 7.4 + 7.4$$
$$+ 7.4 + 7.5 + 7.7 + 7.7 + 7.7 + 7.8 + 7.8 + 7.9 + 8.2 + 8.3$$
$$+ 8.5 + 8.6 + 8.7 + 8.9 + 9.1 + 9.6 + 9.8 + 9.9 + 10.3)$$
$$= \frac{230.8}{30}$$
$$\fallingdotseq 7.69$$

(2) 次の計算で得られる．

$$m = 5.25 \times \frac{3}{30} + 5.75 \times \frac{1}{30} + 6.25 \times \frac{2}{30} + 6.75 \times \frac{2}{30} + 7.25 \times \frac{4}{30}$$
$$+ 7.75 \times \frac{7}{30} + 8.25 \times \frac{2}{30} + 8.75 \times \frac{4}{30} + 9.25 \times \frac{1}{30}$$
$$+ 9.75 \times \frac{3}{30} + 10.25 \times \frac{1}{30}$$

$= 7.7$

[問題 3.2.1] 次のような 20 個のデータがある．

45, 46, 46, 48, 48, 48, 50, 51, 52, 53, 54, 54, 55, 56, 57, 57, 58, 59, 60, 63

このデータの平均値を次の方法で求めよ．

(1) ローデータから求めよ．

(2) 次の度数分布表から平均値を求めよ．

重さの幅	該当数	重さの幅	該当数
$45 \leq X < 48$	3	$57 \leq X < 60$	4
$48 \leq X < 51$	4	$60 \leq X < 63$	1
$51 \leq X < 54$	3	$63 \leq X < 66$	1
$54 \leq X < 57$	4		

[問題 3.2.2] 総務省統計局発表の，2013 年 1 月から 2015 年 1 月までの 25 ヶ月の各月における消費者物価指数を再掲する．

99.3　99.2　99.4　99.7　99.8　99.8　100.0　100.3　100.6
100.7　100.8　100.9　100.7　100.7　101.0　103.1　103.5
103.4　103.4　103.6　103.9　103.6　103.2　103.3　103.1

この消費者物価指数の 25 ヶ月間のデータの平均値を次の方法で求めよ．

(1) ローデータから求めよ．

(2) 次の度数分布表から求めよ．

物価指数	該当数	物価指数	該当数
$99.0 \leq X < 99.6$	3	$102.0 \leq X < 102.6$	0
$99.6 \leq X < 100.2$	4	$102.6 \leq X < 103.2$	2
$100.2 \leq X < 100.8$	5	$103.2 \leq X < 103.8$	7
$100.8 \leq X < 101.4$	3	$103.8 \leq X < 104.4$	1
$101.4 \leq X < 102.0$	0		

3.2.2 データの分散と標準偏差

先の例の自動車メーカー 8 社の月別の生産台数に対する柱状グラフは図 3.6 のようになっている．いろいろな形をしているが，違いの 1 つは，各社

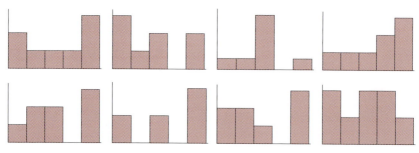

図 3.6

とも自社の平均値の周りに集中している場合もあるが，平均値から離れている場合も多いということである．

この違いを数値で表すには，2.2.1 項の「確率変数の分散」のところで述べたように，各値が平均値からどれくらい離れているかの数値を 2 乗して，その平均値を計算する．つまり，「平均値からの差の 2 乗の平均値」を計算すればよい．これを，データの**分散**とよぶ．

いま，自動車メーカー A 社の月別生産台数の分散を求めてみよう．まず，平均値 260276 を m とおき，各値と平均値との差の 2 乗の和（S とおく）を計算すると，

$$S = (251814 - m)^2 + (275839 - m)^2 + (294514 - m)^2 + (247247 - m)^2$$
$$+ (215144 - m)^2 + (285797 - m)^2 + (297492 - m)^2 + (214358 - m)^2$$
$$= 7.83752 \times 10^9$$

となる．よって，分散を v とすると，この和 S をデータの個数（ここでは 8）で割れば求められる．

$$\text{分散 } v = \frac{S}{8} = \frac{7.83752 \times 10^9}{8} = 9.7969 \times 10^8$$

一般に，n 個のデータ $\{x_1, x_2, x_3, \cdots, x_n\}$ の分散を v とすると，m をデータの平均値として，次の式で表せる．

$$v = \frac{(x_1 - m)^2 + (x_2 - m)^2 + (x_3 - m)^2 + \cdots + (x_n - m)^2}{n}$$

(3.2)

ところで，本によっては，n で割るところを $n-1$ で割って定義している場合がある．この理由は，後の「標本分布」のところで明らかになるので，ここでは説明を省略するが，最近ではコンピュータソフトも，分散を求めると $n-1$ で割った値を提示する場合が多いので，注意が必要である．

ちなみに，A社の月別生産台数の分散の場合も，$n-1=8-1=7$ で割ると

$$\frac{S}{7} \fallingdotseq 1.11965 \times 10^9$$

となり，少し異なってくる．

データのローデータがなくて，度数分布表から分散を計算するには，次のようにすればよい．

データの各階級の中点の値を $x_1, x_2, x_3, \cdots, x_n$ とし，その区間に入るデータの割合（n で割るか $n-1$ で割るかで違いはあるが）を $f_1, f_2, f_3, \cdots, f_n$ とすると，このデータの分散 v は次の式で表せる．

$$\begin{aligned}v &= (x_1-m)^2 f_1 + (x_2-m)^2 f_2 + (x_3-m)^2 f_3 + \cdots + (x_n-m)^2 f_n \\ &= \sum_{k=1}^{n}(x_k-m)^2 f_k\end{aligned} \tag{3.3}$$

また，「データの標準偏差 σ」は 2.2.2 項の確率変数の標準偏差と同じように，

$$\sigma = \sqrt{v} \tag{3.4}$$

で定義される．例えば，8で割った場合のA社の月別生産台数の標準偏差は，

$$\sigma = \sqrt{9.7969 \times 10^8} = 31300$$

$8-1=7$ で割った場合は，

$$\sigma = \sqrt{1.11965 \times 10^9} = 33461.1\cdots \fallingdotseq 33460$$

となる．

――― 例題 3.3 ―――

次のデータは，ある農家の畑から収穫された農作物 30 個についての 1 個の重さ（g）である．
5.3, 5.4, 5.4, 5.7, 6.2, 6.3, 6.5, 6.5, 7.3, 7.4, 7.4, 7.4, 7.5, 7.7, 7.7, 7.7, 7.8, 7.8, 7.9, 8.2, 8.3, 8.5, 8.6, 8.7, 8.9, 9.1, 9.6, 9.8, 9.9, 10.3

このデータの2種類（n で割る場合と $n-1$ で割る場合）の分散と標準偏差を次の方法で求めよ．
(1) ローデータから求めよ．
(2) 次の度数分布表から求めよ．

重さの幅 (g)	該当数	重さの幅 (g)	該当数
$5 \leq X < 5.5$	3	$8.0 \leq X < 8.5$	2
$5.5 \leq X < 6.0$	1	$8.5 \leq X < 9.0$	4
$6.0 \leq X < 6.5$	2	$9.0 \leq X < 9.5$	1
$6.5 \leq X < 7.0$	2	$9.5 \leq X < 10.0$	3
$7.0 \leq X < 7.5$	4	$10.0 \leq X < 10.5$	1
$7.5 \leq X < 8.0$	7		

[解] (1) はじめに，平均値 m を求めると
$$m = \frac{5.3 + 5.4 + 5.4 + 5.7 + \cdots + 9.8 + 9.9 + 10.3}{30} \fallingdotseq 7.693$$
となる．
まず，n で割る場合の分散 v は (3.2) より
$$v = \frac{(5.3-m)^2 + (5.4-m)^2 + \cdots + (9.9-m)^2 + (10.3-m)^2}{30} \fallingdotseq 1.801$$
となり，標準偏差 σ は (3.4) より
$$\sigma = \sqrt{1.801} \fallingdotseq 1.342$$
となる．
次に，$n-1$ で割る場合の分散 v は
$$v = \frac{(5.3-m)^2 + (5.4-m)^2 + \cdots + (9.9-m)^2 + (10.3-m)^2}{29}$$
$$\fallingdotseq 1.8634$$
となり，標準偏差 σ は，
$$\sigma = \sqrt{1.8634} \fallingdotseq 1.365$$
となる．
(2) はじめに，度数分布表から平均値 m' を求める．各階級の中点の値にそれぞれの相対度数を掛けて加えればよいので
$$m' = 5.25 \times \frac{3}{30} + 5.75 \times \frac{1}{30} + 6.25 \times \frac{2}{30} + \cdots + 10.25 \times \frac{1}{30} \fallingdotseq 7.7$$

となる.

まず，n で割る場合の分散 v' は

$$v' = (5.25 - m')^2 \times \frac{3}{30} + (5.75 - m')^2 \times \frac{1}{30} + \cdots + (10.25 - m')^2 \times \frac{1}{30}$$

$$\fallingdotseq 1.8013$$

となり，標準偏差 σ' は

$$\sigma' = \sqrt{1.8013} \fallingdotseq 1.342$$

となる.

次に，$n-1$ で割る場合の分散 v' は

$$v' = (5.25 - m')^2 \times \frac{3}{29} + (5.75 - m')^2 \times \frac{1}{29} + \cdots + (10.25 - m')^2 \times \frac{1}{29}$$

$$\fallingdotseq 1.863$$

となり，標準偏差 σ は

$$\sigma = \sqrt{1.863} \fallingdotseq 1.365$$

となる.

[**問題 3.3.1**] 次のような 20 個のデータがある.

45, 46, 46, 48, 48, 48, 50, 51, 52, 53, 54, 54, 55, 56, 57, 57, 58, 59, 60, 63

このデータについて，2 種類（n で割る場合と $n-1$ で割る場合）の分散と標準偏差を次の方法で求めよ.

(1) ローデータから求めよ.

(2) 次の度数分布表から求めよ.

範囲	度数	範囲	度数
$45 \leq X < 48$	3	$57 \leq X < 60$	4
$48 \leq X < 51$	4	$60 \leq X < 63$	1
$51 \leq X < 54$	3	$63 \leq X < 66$	1
$54 \leq X < 57$	4		

[**問題 3.3.2**] 総務省統計局発表の，2013 年 1 月から 2015 年 1 月までの 25 ヶ月の各月における消費者物価指数を再掲する.

99.3　99.2　99.4　99.7　99.8　99.8　100.0　100.3　100.6
100.7　100.8　100.9　100.7　100.7　101.0　103.1　103.5
103.4　103.4　103.6　103.9　103.6　103.2　103.3　103.1

このデータについて，2種類（n で割る場合と $n-1$ で割る場合）の分散と標準偏差を次の方法で求めよ．

(1) ローデータから求めよ．
(2) 次の度数分布表から求めよ．

範囲	度数	範囲	度数
$99.0 \leq X < 99.6$	3	$102.0 \leq X < 102.6$	0
$99.6 \leq X < 100.2$	4	$102.6 \leq X < 103.2$	2
$100.2 \leq X < 100.8$	5	$103.2 \leq X < 103.8$	7
$100.8 \leq X < 101.4$	3	$103.8 \leq X < 104.4$	1
$101.4 \leq X < 102.0$	0		

3.3 データの最頻値

例えば，データが $\{3, 4, 4, 4, 4, 5, 7, 7, 8, 12\}$ のように少ない場合，平均値を調べてみると，

$$\frac{3+4+4+4+4+5+7+7+8+12}{10} = 5.8$$

であるが，平均値の 5.8 の近くにはデータは見当たらない．すなわち，上の 10 個のデータを代表する値としては，この平均値はあまり適当ではないようにみえる．

そこで視点を変えて，それぞれの値が出現する頻度を調べてみると，3 が 1 回，4 が 4 回，5 が 1 回，7 が 2 回，8 が 1 回，12 が 1 回である．したがって，最も出現する頻度が高いのは 4 であるから，上の 10 個のデータを代表する値としては，平均値の 5.8 よりも，むしろ 4 の方が良いようにみえる．このように，「最も出現する頻度が高い値」のことを**最頻値**（**モード**）という．

しかし，$\{3, 3, 3, 4, 4, 4, 5, 7, 7, 8, 12\}$ のように，出現する頻度が高い値が 2 つ以上ある場合もある．このような場合，3 も 3 回，4 も 3 回で頻度が同じく一番高いので，このようなときの，最頻値（モード）は，「3 と 4」ということになる．

また，データが連続量の場合には，例えば 3.24 とか 4.61 のように，小数点以下も数字が並ぶので，同じ値が複数個並ぶ場合はほとんどないことがあ

る．そのようなときには，データを一定の範囲で区切って，各階級に含まれるデータの頻度で比較し，一番頻度が高い階級の中点の値を最頻値（モード）とする．

なお，データの値が連続量でなくても，度数分布で階級に分けた場合の最頻値が適切である場合もある．ただ，階級の幅をいくつにするかで，最頻値の値も異なってくることに注意が必要である．

3.4 パーセンタイル・四分位点（四分位数）・中央値
3.4.1 パーセンタイル

パーセンタイルというのは，全体を100％としてデータを小さい順に並べ，そのデータの順位が全体の何％目に当たるかを表したものである．

例えば，

$$5,\ 6,\ 6,\ 7,\ 8,\ 9,\ 9,\ 9,\ 10,\ 12,\ 14,$$
$$15,\ 16,\ 16,\ 17,\ 17,\ 17,\ 18,\ 18,\ 20$$

のようなデータがあったとき，データの総数が全部で20個なので，データ1つ当たりは全体の5％を占めていることになる．そして，各データを小さい順に並べて，各数字の脇に，その値が全体の何％目に当たるかという％を記し，例えば5は下から1番目なので5％×1より5(5％)，6は2つあるが，下から3番目までにあるので，5％×3より6(15％)のように表す．

したがって，上のデータは

5(5％)，6(15％)，7(20％)，8(25％)，9(40％)，10(45％)，12(50％)，14(55％)，15(60％)，15(65％)，16(75％)，17(85％)，18(95％)，20(100％)

のようになる．

このような％による対応が「パーセンタイル」であり，15パーセンタイルは6，20パーセンタイルは7，25パーセンタイルは8，40パーセンタイルは9，50パーセンタイルは12，75パーセンタイルは16，85パーセンタイルは17，95パーセンタイルは18，などと表現する．小学校以来学んできた％の考え方とは異なるので，注意が必要である．

例えば，上のローデータにおいて，7以上10以下のデータは6個あり，これは全体20個の中で

$$\frac{6}{20} \times 100\% = 30\%$$

を占めているというときには，パーセンタイルではなくて％である．そして，データの値を小さい順に並べたとき，10以下には9個のデータがあるので，10以下に全体の何％のデータが入っているかは，

$$\frac{9}{20} \times 100\% = 45\%$$

と求められ，この45％は「10以下のデータ」（全体の45％）を意味するので，パーセンタイルである．

パーセンタイルの求め方

はじめに注意しておくことは，「データのパーセンタイル」には，世界共通の定まった定義がないということである．そこで本書では，その代表的な1つの計算方法を紹介する．

いま，5個のあるデータを小さい値の順に並べてみると，次のようになったとし，ここでは，この5つのデータから40パーセンタイルの値を求めてみよう．

25（1番目），30（2番目），45（3番目），50（4番目），65（5番目）

その方法とは，1番から5番を40:60に内分する値を考えるというものである．一般に，数直線上の区間 $[a, b]$ を $m:n$ に内分する値 x は，

$$x = \frac{an + bm}{m + n} \tag{3.5}$$

で求められるので，上の例では，$m = 40$, $n = 60$, $a = 1$, $b = 5$ より，

$$x = \frac{1 \times 60 + 5 \times 40}{100} = 2.6$$

となり，「2.6番目の値」を求めればよいことになる．この値を求めるには，2番目の値30に，2番目の値30と3番目の値45の差である $45 - 30 = 15$ の6割（0.6）に相当する値を足せばよく，

$$30 + (45 - 30) \times 0.6 = 39$$

となる．これが，求めたかった40パーセンタイルの値である．

一般に，n 個のデータが1から n まで順番に並んでいるとき，全体の $a\%$ 目の順番 x は，次のように内分の公式から導かれる．

$$x = \frac{a \times n + (100-a) \times 1}{100} = \frac{a(n-1) + 100}{100} = \frac{a(n-1)}{100} + 1 \tag{3.6}$$

最後の式を公式として紹介している本もあるが，意味がわからなくなってしまうので，本書では，内分することを表す (3.5) を使うことにする．

そして，順番の数が，例えば $x = 4.2$ 番目のように小数になった場合には，上の例のように比例配分で値を定めて，

$$(4\text{番目の値}) + (5\text{番目の値} - 4\text{番目の値}) \times 0.2$$

のように求めればよい．

例題 3.4

例題 3.1 と同じ，ある農家の畑から収穫された農作物 30 個についての 1 個の重さ（g）を再掲する．

5.3, 5.4, 5.4, 5.7, 6.2, 6.3, 6.5, 6.5, 7.3, 7.4, 7.4, 7.5, 7.7, 7.7, 7.7,
7.8, 7.8, 7.9, 8.2, 8.3, 8.5, 8.6, 8.7, 8.8, 8.9, 9.1, 9.6, 9.8, 9.9, 10.3

(1) このデータの 20 パーセンタイルの値を求めよ．
(2) このデータの 60 パーセンタイルの値を求めよ．
(3) このデータの 75 パーセンタイルの値を求めよ．

[解] (1) まず，30 個の中で，20 パーセンタイルの番号を求めると，(3.5) より

$$\frac{1 \times 80 + 30 \times 20}{100} = 6.8$$

となるので，6.8 番目（整数部分が 6，小数部分が 0.8）の値を求めればよいことなる．

30 個のデータのうち，6 番目が 6.3，7 番目が 6.5 であるから，求める値は

$$6.3 + (6.5 - 6.3) \times 0.8 = 6.46$$

となる．

(2) 同様にして，60 パーセンタイルの番号を求めると

$$\frac{1 \times 40 + 30 \times 60}{100} = 18.4$$

となるので，18.4 番目（整数部分が 18，小数部分が 0.4）の値を求めればよく，18 番目が 7.9 であり，19 番目が 8.2 であるから，求める値は

$$7.9 + (8.2 - 7.9) \times 0.4 = 8.02$$

となる.

(3) 同様にして，75 パーセンタイルの番号を求めると
$$\frac{1 \times 25 + 30 \times 75}{100} = 22.75$$
となるので，22.75 番目（整数部分が 22，小数部分が 0.75）の値を求めればよく，22 番目が 8.6 であり，23 番目も 8.6 であるから，求める値は
$$8.6 + (8.6 - 8.6) \times 0.75 = 8.6$$
となる.

[問題 3.4.1] 次のような 18 個のデータがある.

45, 46, 46, 48, 48, 48, 50, 51, 52, 53, 54, 54, 55, 56, 57, 57, 58, 59

(1) このデータの 30 パーセンタイルの値を求めよ.
(2) このデータの 70 パーセンタイルの値を求めよ.
(3) このデータの 90 パーセンタイルの値を求めよ.

[問題 3.4.2] 総務省統計局発表の，2013 年 1 月から 2015 年 1 月までの 25 ヶ月の各月における消費者物価指数を再掲する.

99.3 99.2 99.4 99.7 99.8 99.8 100.0 100.3 100.6
100.7 100.8 100.9 100.7 100.7 101.0 103.1 103.5
103.4 103.4 103.6 103.9 103.6 103.2 103.3 103.1

(1) このデータの 40 パーセンタイルの値を求めよ.
(2) このデータの 85 パーセンタイルの値を求めよ.
(3) このデータの 95 パーセンタイルの値を求めよ.

3.4.2 四分位点（四分位数）

パーセンタイルにおいて，100 を 4 つに分けた，25 パーセンタイル，50 パーセンタイル，75 パーセンタイルの数値を，それぞれ**第一四分位点（第一四分位数）**，**第二四分位点（第二四分位数）**，**第三四分位点（第三四分位数）**という.

パーセンタイルの求め方がいろいろあるので，それに対応して四分位点の求め方もいろいろある．データの数が多いと，どの方法でも大差がないが，データの数が少ないと，求め方によって違いが出てくる.

ここでは，パーセンタイルを求めるところで説明した方法で，次の例について四分位点（四分位数）を求めてみよう.

次の 11 個のデータについて，四分位点を求めてみる．

$$15,\ 20,\ 35,\ 40,\ 55,\ 60,\ 75,\ 85,\ 90,\ 95,\ 95$$

第一四分位点，すなわち 25 パーセンタイルの値は，順番が

$$\frac{1 \times 75 + 11 \times 25}{100} = 3.5$$

なので，3.5 番目（整数部分は 3，小数部分が 0.5）の値を求めればよく，3 番目が 35，4 番目が 40 であるから，

$$35 + (40 - 35) \times 0.5 = 37.5$$

となり，これが第一四分位点である．

第二四分位点，すなわち 50 パーセンタイルの値は，順番が，

$$\frac{1 \times 50 + 11 \times 50}{100} = 6$$

なので，6 番目の値を求めればよく，60 が第二四分位点である．

第三四分位点，すなわち 75 パーセンタイルの値は，順番が

$$\frac{1 \times 25 + 11 \times 75}{100} = 8.5$$

なので，8.5 番目（整数部分が 8，小数部分が 0.5）の値を求めればよく，8 番目が 85，9 番目が 90 であるから，

$$85 + (90 - 85) \times 0.5 = 87.5$$

となり，これが第三四分位点である．

例題 3.5

例題 3.1 と同じ，ある農家の畑から収穫された農作物 30 個についての 1 個の重さ（g）を再掲する．

5.3, 5.4, 5.4, 5.7, 6.2, 6.3, 6.5, 6.5, 7.3, 7.4, 7.4, 7.5, 7.7, 7.7, 7.7, 7.8, 7.8, 7.9, 8.2, 8.3, 8.5, 8.6, 8.7, 8.8, 8.9, 9.1, 9.6, 9.8, 9.9, 10.3

(1) このデータの第一四分位点の値を求めよ．

(2) このデータの第二四分位点の値を求めよ．

(3) このデータの第三四分位点の値を求めよ．

[**解**] (1) 第一四分位点，すなわち 25 パーセンタイルの値は，順番が，
$$\frac{1 \times 75 + 30 \times 25}{100} = 8.25$$
なので，8.25 番目（整数部分は 8，小数部分が 0.25）の値を求めればよく，8 番目が 6.5，9 番目が 7.3 であるから，
$$6.5 + (7.3 - 6.5) \times 0.25 = 6.7$$
となり，これが第一四分位点である．

第二四分位点，すなわち 50 パーセンタイルの値は，順番が，
$$\frac{1 \times 50 + 30 \times 50}{100} = 15.5$$
なので，15.5 番目（整数部分は 15，小数部分が 0.5）の値を求めればよく，15 番目が 7.7，16 番目が 7.8 であるから，
$$7.7 + (7.8 - 7.7) \times 0.5 = 7.75$$
となり，これが第二四分位点である．

第三四分位点，すなわち 75 パーセンタイルの値は，順番が，
$$\frac{1 \times 25 + 30 \times 75}{100} = 22.75$$
なので，22.75 番目（整数部分が 22，小数部分が 0.75）の値を求めればよく，22 番目の値が 8.6，23 番目の値が 8.7 であるから
$$8.6 + (8.7 - 8.6) \times 0.75 = 8.675$$
となり，これが第三四分位点である．

[**問題 3.5.1**] 次の 18 個のデータがある．

45, 46, 46, 48, 48, 48, 50, 51, 52, 53, 54, 54, 55, 56, 57, 57, 58, 59

(1) このデータの第一四分位点の値を求めよ．

(2) このデータの第二四分位点の値を求めよ．

(3) このデータの第三四分位点の値を求めよ．

[**問題 3.5.2**] 総務省統計局発表の，2013 年 1 月から 2015 年 1 月までの 25 ヶ月の各月における消費者物価指数を再掲する．

99.3　99.2　99.4　99.7　99.8　99.8　100.0　100.3　100.6
100.7　100.8　100.9　100.7　100.7　101.0　103.1　103.5
103.4　103.4　103.6　103.9　103.6　103.2　103.3　103.1

(1) このデータの第一四分位点の値を求めよ．

(2) このデータの第二四分位点の値を求めよ．

(3) このデータの第三四分位点の値を求めよ．

3.4.3 中央値（メジアン）

中央値の定義

中央値（メジアン） とは，文字通り，データを小さい順に並べたときの中央の値であり，具体的には次のようなものである．

(1) データ数が奇数の場合

例として，小さい順に並べたデータ $\{10, 20, 30, 40, 50\}$ についてみると，30 が全体の真ん中であることは異論がないであろう．そこで，「データ数が奇数の場合は，真ん中の順位の値」を中央値とする．

(2) データ数が偶数の場合

例として，小さい順に並べたデータ $\{10, 20, 30, 40, 50, 60\}$ についてみると，前半は 10, 20, 30 の 3 つのデータがあり，後半には 40, 50, 60 の 3 つのデータがある．したがって，30 と 40 の真ん中を上下半分ずつに分ける分岐点を考えて 30 と 40 の平均値をとり，$\frac{30+40}{2} = 35$ を中央値と考える．

50 パーセンタイルとの関係

パーセンタイルにはいくつかの異なった求め方があるので，「50 パーセンタイルが中央値」になるとは限らない．本によっては，「中央値と 50 パーセンタイルとが同じ数値である」かのように記述してある場合があり，注意が必要である．

例題 3.6

例題 3.1 と同じ，ある農家の畑から収穫された農作物 30 個についての 1 個の重さ（g）を再掲する．

5.3, 5.4, 5.4, 5.7, 6.2, 6.3, 6.5, 6.5, 7.3, 7.4, 7.4, 7.5, 7.7, 7.7, 7.7, 7.8, 7.8, 7.9, 8.2, 8.3, 8.5, 8.6, 8.6, 8.7, 8.9, 9.1, 9.6, 9.8, 9.9, 10.3

(1) このデータの中央値を求めよ．
(2) (1) で最後の 5 つを除いた 25 個のデータについて，中央値を求めよ．

［解］ (1) 30 は偶数なので，15 番目の 7.7 と 16 番目の 7.8 との平均値 7.75 が中央値となる．

(2) 25 は奇数なので，13 番目の 7.7 が中央値となる．

［問題 3.6.1］ 次の各問いに答えよ．

(1) 次の 18 個のデータがある．

45, 46, 46, 48, 48, 48, 50, 51, 52, 53, 54, 54, 55, 56, 57, 57, 58, 59

このデータの中央値を求めよ．

(2) (1) で最後の 3 つを除いた 15 個のデータについて，中央値を求めよ．

［問題 3.6.2］ 次の各問いに答えよ．

(1) 総務省統計局発表の，2013 年 1 月から 2015 年 1 月までの 25 ヶ月の各月における消費者物価指数を再掲する．

$\qquad$ 99.3 99.2 99.4 99.7 99.8 99.8 100.0 100.3 100.6

$\qquad$ 100.7 100.8 100.9 100.7 100.7 101.0 103.1 103.5

$\qquad$ 103.4 103.4 103.6 103.9 103.6 103.2 103.3 103.1

このデータの中央値を求めよ．

(2) (1) で最後の 1 つを除いた 24 ヶ月のデータについて，中央値を求めよ．

中央値と平均値

中央値と平均値はデータを 1 つの数値で代表する（代表値という）のであるが，全く異なる概念であるから，一般には数値が一致することはない．このことは，データの数が少なくても多くても同じことである．

例えば，

$\qquad$ 5, 10, 10, 40, 55, 60, 65, 70, 75, 78, 82

の中央値は，データを小さい順に並べたときのちょうど真ん中の値であるから，60 である．

一方，平均値はすべての値を足して，それを全体の個数で割ればよいので，$\frac{550}{11} = 50$ となり，中央値の 60 とかなり異なる値である．平均値が中央値より大きい場合も小さい場合も両方あり得るのである．

例題 3.7

次の各問いに答えよ．
(1) 10 個のデータで，平均値が中央値より小さい例をつくれ．
(2) 10 個のデータで，平均値が中央値より大きい例をつくれ．

[解] (1) 例えば，$\{1,1,1,1,2,2,2,2,2,2\}$ がある．この平均値は 1.6，中央値は 2 である．
(2) 例えば，$\{1,1,1,1,2,2,6,7,8,8\}$ がある．この平均値は $\frac{37}{10} = 3.7$ で，中央値は 2 である．

[問題 3.7.1] 次の各問いに答えよ．
(1) 7 個のデータで，平均値が中央値より小さい例をつくれ．
(2) 7 個のデータで，平均値が中央値より大きい例をつくれ．

3.5 箱ひげ図の概念

3.5.1 箱ひげ図の概念

箱ひげ図は，データの順番をもとにした分布の仕方を表した図で，最近になって使われるようになってきた．漢字では「箱髭図」と書き，英語では box plot または box-and-whisker plot という．

箱ひげ図には，図 3.7 のように縦書きと横書きがあり，どちらでもよい．基本的な箱ひげ図は，次の 3 つの要素から成り立っている．

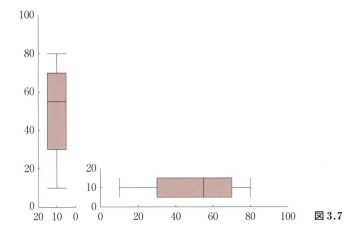

図 3.7

(1) 第一四分位点と第三四分位点で区切った長方形の箱を描く．
(2) 第二四分位点には，この箱に縦線または横線を入れる．
(3) 最大値と最小値にも縦線または横線を入れる．

例えば，第一四分位点が 30，第二四分位点が 55，第三四分位点が 70，最大値が 80，最小値が 10 の場合の箱ひげ図は図 3.7 のようになる．

第一四分位点は 25 パーセンタイルの値，第二四分位点は 50 パーセンタイルの値，第三四分位点は 75 パーセンタイルの値であった．箱ひげ図の長方形は，第一四分位点から第三四分位点までであるから，したがって，全体の 25％から 75％までの範囲を表していると考えてよい．つまり，データを小さい順に並べたとき，真ん中の 50％の値が，箱ひげ図の長方形の範囲の中にあると考えてよい．

例題 3.8

例題 3.1 と同じ，ある農家の畑から収穫された農作物 30 個についての 1 個の重さ (g) を再掲する．

5.3, 5.4, 5.4, 5.7, 6.2, 6.3, 6.5, 6.5, 7.3, 7.4, 7.4, 7.5, 7.7, 7.7, 7.7, 7.8, 7.8, 7.9, 8.2, 8.3, 8.5, 8.6, 8.6, 8.7, 8.9, 9.1, 9.6, 9.8, 9.9, 10.3

第一四分位点は 6.7，第二四分位点が 7.75，第三四分位点が 8.6 である．これより，箱ひげ図を描け．

[解] 箱ひげ図は図 3.8 のようになる．

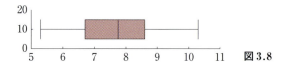

図 3.8

[問題 3.8.1] 次のような 18 個のデータがある．

45, 46, 46, 48, 48, 48, 50, 51, 52, 53, 54, 54, 55, 56, 57, 57, 58, 59

このデータの中央値は 52.5，第一四分位点は 48，第二四分位点は 52.5，第三四分位点は 55.75 である．これより，箱ひげ図を描け．

[**問題 3.8.2**]　総務省統計局発表の，2013年1月から2015年1月までの25ヶ月の各月における消費者物価指数を再掲する．

　　　99.3　99.2　99.4　99.7　99.8　99.8　100.0　100.3　100.6
　　　100.7　100.8　100.9　100.7　100.7　101.0　103.1　103.5
　　　103.4　103.4　103.6　103.9　103.6　103.2　103.3　103.1

このデータの中央値は100.8，第一四分位点は100.0，第二四分位点は100.8，第三四分位点は103.3である．これより，箱ひげ図を描け．

3.5.2　四分位範囲と四分位偏差

　箱ひげ図において，長方形で表された真ん中の50%の範囲を，**四分位範囲**（IQR：interquartile range）という．これは，第三四分位点（データの値を Q_3 とする）から第一四分位点（データの値を Q_1 とする）を引いた $Q_3 - Q_1$ のことであり，データを小さい順に並べたとき，真ん中の50%のデータが入っている範囲のことである．箱ひげ図で考えれば，長方形の長さに等しい．

　なお，$Q_3 - Q_1 = (Q_3 - Q_2) + (Q_2 - Q_1)$ とも表せるので，第三四分位範囲（第三四分位点から第二四分位点までの距離）と，第二四分位範囲（第二四分位点から第一四分位点までの距離）の和とも考えられる．

　また，**四分位範囲の半分の値**を**四分位偏差**（MAD：median absolute deviation）といい，$\dfrac{Q_3 - Q_1}{2}$ で与えられる．この値は，箱ひげ図では，箱の長さの半分を意味している．

　四分位偏差は誤解しやすい言葉なので注意が必要である．例えば，四分位偏差の値は，中央値とは異なり，中央値から四分位点までのデータの範囲の半分の和ではない．また，第三四分位点と第一四分位点の中点（平均値）でもない．

3.5.3　箱ひげ図と外れ値

　外れ値を考慮せずに箱ひげ図を描く考え方がある一方で，外れ値を一定の基準で求めて，（図には示すが）それを除外して最大値，最小値を示し，その範囲の中に長方形を描く方法もある．また，外れ値を求めるに当たっては

いろいろな基準があるが、ここでは省略する．

いずれにしても、外れ値の基準は、そのデータの背景などの具体的な意味を考えないでデータの数値だけをもとにしていることがあるため、注意が必要である．

3.6 箱ひげ図とヒストグラム

箱ひげ図とヒストグラムの考え方はかなり異なる．箱ひげ図は、四分位点を表しているだけなので、データを小さい順に並べたときの順位を基礎においている．一方のヒストグラムは、ある範囲に入っているデータの数を表したものである．

箱ひげ図が同じでも、ヒストグラムが異なるデータはいくらでもありうる．次の2つのデータAとBについて調べてみよう．

A：{10, 10, 10, 10, 10, 20, 20, 20, 20, 20, 30, 30, 40, 40, 50, 60, 60, 70, 70, 70, 70, 70, 80, 80, 90, 90, 90, 90, 90}

B：{10, 10, 20, 20, 20, 20, 30, 30, 40, 40, 40, 40, 40, 50, 50, 50, 50, 50, 60, 60, 60, 70, 80, 80, 80, 80, 90, 90, 90}

データの数はどちらも29である．中央値はどちらも15番目の値で、50である．第一四分位点はA、Bどちらも同じで、それぞれ $Q_1 = 20$, $Q_3 = 80$ となる．したがって、箱ひげ図は同じ

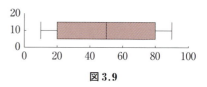

図 3.9

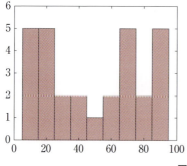 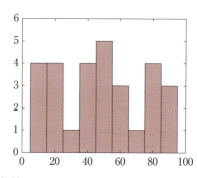

図 3.10

で，図 3.9 のようになる．ところが，データ A とデータ B のヒストグラム
を並べて描くと図 3.10 のようになり，かなり異なる．

　箱ひげ図は，中央値と第一四分位点 Q_1 の間に 25％のデータがあるという
だけであり，その中のデータの分布の仕方は一切問わない．しかし，ヒスト
グラムはその間を何等分かして，各範囲にどの程度のデータが入っているか
を表すので，いろいろな分布が可能になるのである．

　箱ひげ図からヒストグラムを描くことはできないし，想定することも困難
である．逆に，ヒストグラムがあればデータの全体構造がかなりはっきりわ
かるので，箱ひげ図を描くことは可能になってくる．

3.7　箱ひげ図と散らばりの程度

　四分位範囲とか四分位偏差は「データの散らばり具合を表している」と説
明している統計学の本は多い．確かに，第一四分位点 $Q_1 = 10$，第三四分位
点 $Q_3 = 80$ で，四分位範囲（IQR）が $Q_3 - Q_1 = 80 - 10 = 70$ のデータと，
第一四分位点 $Q_1 = 30$，第三四分位点 $Q_3 = 70$ で，四分位範囲が，$Q_3 - Q_1$
$= 70 - 30 = 40$ のデータとを比べると，真ん中の 50％の値が $[10, 80]$ より
$[30, 70]$ の方が狭く，後者の方が狭い範囲にデータが集中していると考えた
くなる．

　しかし，四分位範囲というのは，「その中に全体の 50％のデータが入って
いる」ということを表しているだけで，その中のデータの分布については何
も表現していないのである．

　実際のデータを例にみてほしい．

　　　データ A：　{17, 18, 19, 21, 48, 49, 51, 52, 79, 81, 82, 83}

　　　データ B：　{1, 2, 29, 31, 32, 33, 67, 68, 69, 71, 98, 99}

　A と B のデータの数は偶数（12）なので，中央値は 6 番目と 7 番目の中
点で，ともに 50 となる．

　〈データ A について〉

　第一四分位点 Q_1 は 20.5 であり，第二四分位点 Q_2 は 50，第三四分位点
Q_3 は 79.5 である．したがって，データ A の四分位範囲は，IQR $= Q_3 - Q_1$
$= 79.5 - 20.5 = 59$ となる．

〈データBについて〉

第一四分位点 Q_1 は 30.5 であり，第二四分位点 Q_2 は 50，第三四分位点 Q_3 は 69.5 である．したがって，データBの四分位範囲は，IQR $= Q_3 - Q_1$ $= 69.5 - 30.5 = 39$ となる．

結果としては，データAの四分位範囲は 59，データBの四分位範囲は 39 なので，データAの方が「散らばり具合が大きい」と考えがちである．しかし，データを数直線上に表してみると図 3.11 のようになる．

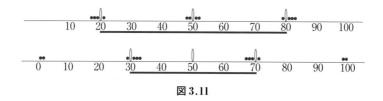

図 3.11

この図では，中央値，第一四分位点，第三四分位点のところに，白い縦長の楕円を描いてある．また，四分位範囲を下部に色付きの太線で示してある．この図をみて，データAの方がデータBよりも散らばりの程度が大きいと一概にいえるだろうか．このことを調べてみよう．

分布の散らばりの程度を表す値である分散 v と標準偏差 σ については前に述べた．分散は平均値からの差の 2 乗を平均した値であり，標準偏差は分散の平方根であった．そこで，データAの分散を計算すると $v_A \fallingdotseq 653$ となり，標準偏差は $\sigma_A = \sqrt{v_A} \fallingdotseq 26$ となる．データBの分散を計算すると $v_B \fallingdotseq 1020$ となり，標準偏差は $\sigma_B = \sqrt{v_B} \fallingdotseq 32$ となる．データBの方がデータAより分散や標準偏差の値が大きいことがわかる．

散らばりの程度を表す，分散と標準偏差で分析すると，データAの散らばり具合の方がデータBの散らばり具合より小さいのである．このことは，図 3.11 をみても，データBの方がデータが広範囲に散らばっていることで納得できるだろう．

四分位範囲は，データを小さい順から 4 等分し，真ん中の 50% が入っている範囲であった．しかし，その中と外でのデータの値の散らばりには無頓

着な概念である．しかし，分散や標準偏差は，その中の分布の仕方もすべて反映しているのである．データの値が，四分位範囲の中でも平均値の近くに集中している場合と，平均値から離れている場合とでは，分散の値に大きく影響してくるのである．

第3章のポイント

1. 多数のデータの構造を解明するには，はじめに大きさの順に並べる（ソートする）．特別小さい値，特別大きい値は**外れ値**として除外するが，データの性質により，合理的根拠のもとに除外する必要がある．
2. データを，いくつかの階級に分けてそれぞれの頻度を表した**度数分布表**をつくる．それを，データの構造を示す一番大事な**ヒストグラム（柱状グラフ）**に表す．
3. データを1つの値で代表させたものとして，**平均値**，**最頻値**，**中央値**などがある．
4. データの散らばりの程度を表す値としては，**分散**や**標準偏差**がある．
5. データを小さい順に並べたとき，全体を100%とした場合に，小さい方から何パーセントに相当するかを表す**パーセンタイル**という概念があるが，計算方法がいろいろあることに注意が必要で，コンピュータソフトでも何通りもある．
6. データを小さい順に並べて，全体を4等分したところに位置する値を**四分位点**といい，**第一四分位点**，**第二四分位点**，**第三四分位点**がある．パーセンタイルと同様，求め方にはいろいろな方法がある．第三四分位点と第一四分位点の差を**四分位範囲**というが，分散や標準偏差の大小とは対応していないので注意が必要である．
7. **箱ひげ図**は，四分位点などを図に表すためによく使われるが，四分位点の求め方によって多少異なる図になる場合がある．
8. ヒストグラムから箱ひげ図は定まる場合が多いが，箱ひげ図が同じでもヒストグラムは異なる場合があるので注意が必要である．

第4章 標本の分布を知る

前に述べたように，例えば，内閣の支持率を調べるのに，全有権者の意向を聞くことは現実的に不可能であるから，その一部分である標本（サンプル）を抽出して調べることになる．内閣の支持率以外にも，政党の支持率，国会で議論されている政策的課題についての調査，提案されている法案に対する賛否，テレビの視聴率の調査など，同様の方法で行われているものは数多く存在する．

本章では，全体のごく一部である標本の振る舞い（標本の1つ1つは偶然に得られた結果ではあるが，それらが多数集まれば確率論が適用できる）について述べる．とりわけ，標本の平均と元々の全数の平均値との関連，標本の分散と元々の全数の分散との関係について述べる．

本章のことだけで何かがわかるというより，これらの結果から，その後に学ぶ「統計的推定」や「統計的検定」が有効活用できるようになってくる．そして，これらの「統計的推測」の基礎になるのが，本章で述べる「標本の分布」なのである．

4.1 標本平均の分布法則

全数の中から**標本**（サンプル）をとり出したときに，その平均値がどのような振る舞いをするか，全体の平均値との関係はどうなっているのか，ということについて，その基本的な事実を知っておくことが大切である．

4.1.1 標本平均をたくさんとる実験

母集団というのは，ある条件のもとに集められた膨大な数のデータのこと

であり，例えば「全有権者の年齢」などもその一例である．統計学で「母集団」というときには，何らかの量のデータのことであり，（全有権者のように）単なる物の集合体ではない．

母集団を表す確率変数 X

母集団の数値の1つ1つは確率変数のとる値と考えることができるので，母集団の分布を，この確率変数の分布とみなすことができる．したがって，母集団の平均値 m は，この確率変数 X の平均値 $E(X)$ に等しく，$m = E(X)$，母集団の分散 v は，この確率変数 X の分散 $V(X)$ に等しく，$v = V(X)$，母集団の標準偏差 σ は，この確率変数 X の標準偏差 $\sigma(X)$ に等しく，$\sigma = \sigma(X)$ と考えることができる．このように考えると，確率論で学んだ確率変数についての知識がすべて使えることになる．

これに対して，標本は，母集団のごく一部のデータのことである．例えば，全有権者の年齢が母集団のとき，世論調査で指定された（母集団の人数と比べて）少人数のデータが標本となる．ただ，注意することは，標本の選び方はランダムでなければならないということである．例えば，世論調査をするときに，特定の地域の人に限定するような選び方や，男性だけとか女性だけという選び方をしてはいけない．

母集団と標本の例として，人工的につくった次の例を考えてみよう．

いま，1から10までの数が，同数ずつ10000個並んでいる母集団があるとし，この母集団の平均値と分散，標準偏差を求めてみる．

$$1\ 1\ 1\ 1\ 1\ 1\ 1\ 1\ 1\ 1\ 1\ 1\ 1\ 1\ 1\ 1\ 1\ 1\ 1\ 1\cdots$$
$$2\ 2\ 2\ 2\ 2\ 2\ 2\ 2\ 2\ 2\ 2\ 2\ 2\ 2\ 2\ 2\ 2\ 2\ 2\ 2\cdots$$
$$3\ 3\ 3\ 3\ 3\ 3\ 3\ 3\ 3\ 3\ 3\ 3\ 3\ 3\ 3\ 3\ 3\ 3\ 3\ 3\cdots$$
$$4\ 4\ 4\ 4\ 4\ 4\ 4\ 4\ 4\ 4\ 4\ 4\ 4\ 4\ 4\ 4\ 4\ 4\ 4\ 4\cdots$$
$$5\ 5\ 5\ 5\ 5\ 5\ 5\ 5\ 5\ 5\ 5\ 5\ 5\ 5\ 5\ 5\ 5\ 5\ 5\ 5\cdots$$
$$6\ 6\ 6\ 6\ 6\ 6\ 6\ 6\ 6\ 6\ 6\ 6\ 6\ 6\ 6\ 6\ 6\ 6\ 6\ 6\cdots$$
$$7\ 7\ 7\ 7\ 7\ 7\ 7\ 7\ 7\ 7\ 7\ 7\ 7\ 7\ 7\ 7\ 7\ 7\ 7\ 7\cdots$$
$$8\ 8\ 8\ 8\ 8\ 8\ 8\ 8\ 8\ 8\ 8\ 8\ 8\ 8\ 8\ 8\ 8\ 8\ 8\ 8\cdots$$
$$9\ 9\ 9\ 9\ 9\ 9\ 9\ 9\ 9\ 9\ 9\ 9\ 9\ 9\ 9\ 9\ 9\ 9\ 9\ 9\cdots$$
$$10\ 10\ 10\ 10\ 10\ 10\ 10\ 10\ 10\ 10\ 10\ 10\ 10\ 10\cdots$$

この母集団の平均値 m は,
$$m = \frac{1 \cdot 10000 + 2 \cdot 10000 + 3 \cdot 10000 + \cdots + 10 \cdot 10000}{100000} = 5.5$$
分散 v は,
$$v = \frac{(1-m)^2 \cdot 10000 + (2-m)^2 \cdot 10000 + \cdots (10-m)^2 \cdot 10000}{100000} = 8.25$$
標準偏差 σ は,
$$\sigma = \sqrt{v} \fallingdotseq 2.87$$
となる.

いま,この母集団からランダムに 16 個の標本をとることを考える.実際に 10000 個の数を用意するのは大変なので,1 から 10 までの数字を書いたカードを 10 枚用意して,ランダムに 1 枚引いては元へ戻し,合計 16 枚のカードを引くことにしよう.

例えば,次のような結果になったとする.

  8, 6, 3, 1, 9, 8, 5, 9, 7, 6, 4, 9, 8, 1, 2, 10

この標本をヒストグラムで表すと図 4.1 のようになる.

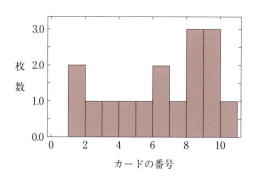

図 4.1

この標本の平均値 m_s,分散 v_s,標準偏差 s_s を求めると,
$$m_s = \frac{8 + 6 + 3 + \cdots + 1 + 2 + 10}{16} = 6$$

$$v_{\mathrm{s}} = \frac{(8-m_{\mathrm{s}})^2 + (6-m_{\mathrm{s}})^2 + \cdots + (10-m_{\mathrm{s}})^2}{16} = 8.5$$

$$s_{\mathrm{s}} = \sqrt{v_{\mathrm{s}}} \fallingdotseq 2.92$$

となる．なお，下付きのsは，標本（sample）のsを表す．

　当然のことながら，母集団全体の平均値，分散，標準偏差の値とは異なる値になる．そこで次に問題となるのは，標本の平均値（標本平均）は，標本のランダムな選び方によっていろいろな値をとるが，「標本平均の分布」はどうなっているか，ということである．

　これを調べるためには，「標本平均をたくさんとり出し，その分布を分析」すればよい．そこで，16個の標本平均をたくさんとって調べてみる．コンピュータで100個の「16個の標本平均」を調べると，例えば次のようになる．
5.9, 5.9, 6.0, 4.3, 5.9, 5.4, 4.0, 5.1, 5.8, 5.2, 5.8, 5.6, 5.4, 5.2, 6.2,
6.8, 5.8, 5.7, 6.6, 4.8, 5.6, 5.7, 5.8, 5.8, 6.8, 5.1, 5.6, 5.6, 6.0, 4.6,
6.0, 5.5, 5.4, 5.0, 5.5, 6.1, 5.2, 5.4, 5.9, 5.9, 4.9, 5.8, 4.8, 4.1, 4.6,
5.2, 5.6, 5.7, 5.4, 5.8, 6.0, 7.1, 4.2, 5.2, 3.6, 6.3, 4.2, 6.2, 3.8, 5.9,
5.0, 4.9, 6.6, 6.1, 5.1, 5.4, 3.8, 5.6, 5.8, 5.2, 7.0, 5.1, 5.8, 6.1, 6.2,
5.9, 4.7, 5.6, 4.8, 5.9, 3.9, 4.8, 5.3, 5.8, 5.2, 5.2, 5.2, 6.6, 6.4, 5.1,
6.2, 4.3, 5.2, 6.4, 4.6, 6.1, 4.6, 6.0, 5.6, 4.4

このデータをヒストグラムで表すと図4.2のようになる．

この100個の「16個の標本平均」の平均値は5.458，分散は0.5432,

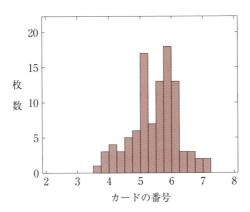

図 4.2

標準偏差は 0.731 である．ここで，「16 個の標本平均」をとる数を，1000，10000，100000 と増やしていくと，平均値，分散，標準偏差の値は次の表のようになる．

実験回数	100 回	1000 回	10000 回	100000 回
平均値	5.46	5.52	5.501	5.5003
分散	0.47	0.50	0.52	0.52
0.52 と分散の差	0.06	0.02	0	0
標準偏差	0.683	0.706	0.723	0.720
0.72 と標準偏差との差	0.04	0.01	0	0

このような多数回の結果は，もちろんコンピュータを利用して求めることになるが，この表は，1 つの実験結果であるから，実験する度に異なるし，他の人が実験すれば異なる値となる．

まず平均値の変化をみると，実験回数が多くなるに従って，16 個の標本平均は次第に 5.5，つまり，母集団の平均値に近づいていることがわかる．

ここで，実験回数 100000 回のときの分布（図 4.3）を示すと，後で大事になるが，ほとんど正規分布（平均値 5.5，標準偏差 0.72）と同じ分布になっていることがわかる．

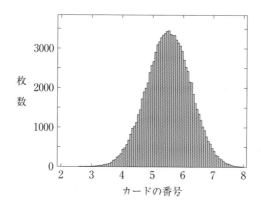

図 4.3

4.1.2　実験による標本平均の分散と標準偏差

先に求めたように，ここでの例の母集団の分散は 8.25 であるが，表から標本平均の分散は 0.52 に近くなっていくことがわかる．実は，8.25 を 16

で割った値が 0.52 になっているのである．また標準偏差も，母集団の標準偏差は 2.87 であり，標本平均の標準偏差は 2.87 を $\sqrt{16} = 4$ で割った値である 0.72 に近くなっていくのである．

標本平均の分散と標準偏差は，母集団の分散と標準偏差には近くならないが，実は，母集団の分散を標本の数 16 で割ると標本平均の分散になり，母集団の標準偏差を標本の数の平方根である 4 で割ると，標本平均の標準偏差になるのである．なお，先の表では，標本平均の分散を $\frac{8.25}{16} \fallingdotseq 0.52$ と比較し，標本平均の標準偏差については $\frac{2.87}{4} \fallingdotseq 0.72$ との比較も載せてある．

この実験結果から，次のことが成り立つことが予想される．

(1) n 個の標本の平均値（標本平均）の平均値 m' は，母集団の平均値 m と同じになる．

(2) n 個の標本の平均値（標本平均）の分散は，母集団の分散 v に対して，$v_s = \dfrac{v}{n}$ となる．

(3) n 個の標本の平均値（標本平均）の標準偏差は，母集団の標準偏差 σ に対して，$\sigma_s = \dfrac{\sigma}{\sqrt{n}}$ となる．

4.1.3 計算による標本平均の平均値（期待値）・分散・標準偏差

4.1.1 項で述べたように，X を母集団の 1 つ 1 つの値を表す確率変数とすると，母集団の平均値 m は $m = E(X)$，分散 v は $v = V(X) = E((X-m)^2)$，標準偏差 σ は $\sigma = \sqrt{v} = \sqrt{E((X-m)^2)}$ と考えればよかった．

n 個の標本の値を表す確率変数 $X_1, X_2, \cdots, X_n$ の分布は，標本をすべてについてとれば母集団に等しくなるので，確率変数 X の分布と同じである．したがって，このときは平均値 m，分散 v，標準偏差 σ も確率変数 X を用いたときと同じになり，

$$m = E(X_k) = E(X)$$
$$v = V(X_k) = V(X)$$
$$\sigma = \sqrt{V(X_k)} = \sqrt{V(X)}$$

となる（$k = 1, 2, \cdots, n$）．

ここで，標本平均を表す確率変数 $\overline{X}_s$ は，

$$\overline{X}_\mathrm{s} = \frac{X_1 + X_2 + \cdots + X_n}{n} \tag{4.1}$$

標本平均を表す確率変数 $\overline{X}_\mathrm{s}$ の平均値 $m_\mathrm{s} = E(\overline{X}_\mathrm{s})$ は,

$$\begin{aligned} m_\mathrm{s} = E(\overline{X}_\mathrm{s}) &= \frac{E(X_1 + X_2 + \cdots + X_n)}{n} \\ &= \frac{E(X_1) + E(X_2) + \cdots + E(X_n)}{n} \\ &= \frac{mn}{n} = m \end{aligned} \tag{4.2}$$

確率変数 $\overline{X}_\mathrm{s}$ の分散 $v_\mathrm{s} = V(\overline{X}_\mathrm{s})$ は,

$$\begin{aligned} v_\mathrm{s} = V(\overline{X}_\mathrm{s}) &= V\left(\frac{X_1 + X_2 + \cdots + X_n}{n}\right) \\ &= \frac{V(X_1) + V(X_2) + \cdots + V(X_n)}{n^2} \\ &= \frac{nv}{n^2} = \frac{v}{n} \end{aligned} \tag{4.3}$$

となる.ここで,標本のとり方はそれぞれ独立しているので,$X_k (k = 1, 2, \cdots, n)$ は独立で,分散の加法性が成り立つことを使っている.

また,標本平均の標準偏差 σ_s は

$$\sigma_\mathrm{s} = \sqrt{V(\overline{X}_\mathrm{s})} = \sqrt{\frac{v}{n}} = \frac{\sigma}{\sqrt{n}} \tag{4.4}$$

となり,当然のことながら,実験結果と一致している.

例題 4.1

ある母集団について,平均値 $m = 50$,標準偏差 $\sigma = 10$,分散 $v = \sigma^2 = 100$ であるとする.ここから 16 個の標本をとって,その標本平均をとる.この計算を多数回行ったとき,次の問いに答えよ.

(1) この標本平均の平均値 m_s を求めよ.
(2) この標本平均の分散 v_s を求めよ.
(3) この標本平均の標準偏差 σ_s を求めよ.

[解] (1) 標本平均の平均値は母集団の平均値と一致するので,(4.2) より

$$m_\mathrm{s} = E(\overline{X}_\mathrm{s}) = m = 50$$

となる．

(2) 標本数 n の標本平均の分散は (4.3) より

$$v_\mathrm{s} = \frac{v}{n} = \frac{100}{16} = 6.25$$

となる．

(3) 標本数 n の標本平均の標準偏差は (4.4) より

$$\sigma_\mathrm{s} = \frac{\sigma}{\sqrt{n}} = \frac{10}{\sqrt{16}} = \frac{10}{4} = 2.5$$

となる．

[**問題 4.1.1**] ある母集団について，平均値 $m = 100$，標準偏差 $\sigma = 20$，分散 $v = \sigma^2 = 400$ であるとする．ここから 25 個の標本をとって，その標本平均をとる．この計算を多数回行ったとき，次の問いに答えよ．

(1) この標本平均の平均値 m_s を求めよ．
(2) この標本平均の分散 v_s を求めよ．
(3) この標本平均の標準偏差 σ_s を求めよ．

[**問題 4.1.2**] ある農家が畑で毎年大根を栽培しており，昨年の大根 1 本当たりの重さの平均値 $m = 900\,\mathrm{g}$，標準偏差 $\sigma = 50\,\mathrm{g}$，分散 $v = \sigma^2 = 2500$ であったとする．

今年の大根の重さの分布は昨年と同じであるとし，今年，10 個の標本をとってその標本平均をとる．この計算を多数回行ったとき，次の問に答えよ．

(1) 今年の標本平均の平均値 m_s を求めよ．
(2) 今年の標本平均の分散 v_s を求めよ．
(3) 今年の標本平均の標準偏差 σ_s を求めよ．

4.1.4 標本平均の分布と正規分布

まず最初に，2.5 節で述べた「中心極限定理」について復習しておこう．

$X_1, X_2, 1, \cdots, X_n$ が独立な確率変数で，分布が同じであるとし，その平均値 $E(X_k) = m$，分散 $V(X_k) = v$，標準偏差 $\sqrt{v} = \sigma$ とする（$k = 1, 2, \cdots, n$）．このとき，確率変数の和 $S_n = X_1 + X_2 + \cdots + X_n$ は，平均値が nm，分散が nv，標準偏差が $\sqrt{nv}$ となる．

ここで n が大きくなると，S_n の分布は，平均値が nm，標準偏差が $\sqrt{nv}$ の正規分布に近づいていく．（あるいは $\dfrac{S_n - nm}{\sqrt{nv}}$ は，平均値が 0，標準偏差

が 1 の標準正規分布に近づいていく．)

この中心極限定理を，標本平均に置き換えてみよう．

標本は分布が母集団と同じで，すべて独立である．k 番目の標本の値を表す確率変数を X_k とすると，平均値は $E(X_k) = m$，分散は $V(X_k) = v$ である．標本平均は $\overline{X}_\mathrm{s} = \dfrac{S_n}{n}$ であるから，その平均は $\dfrac{nm}{n} = m$，分散は $V(\overline{X}_\mathrm{s}) = \dfrac{nv}{n^2} = \dfrac{v}{n}$ となる．

したがって，中心極限定理から，n の値を大きくしていくと，$\overline{X}_\mathrm{s}$ の分布は，平均値が m，分散が $\dfrac{v}{n}$ の正規分布に近づいていく．(あるいは $\dfrac{\overline{X}_\mathrm{s} - m}{\sigma/\sqrt{n}}$ が，平均値 0，標準偏差 1 の標準正規分布に近づいていく．)

このことを実験的に確かめると次のようになる．母集団は，前に扱った，1, 2, 3, 4, 5, 6, 7, 8, 9, 10 が同じ数だけたくさん並んだものとする．

この母集団から，100 個，1000 個の標本をランダムに 1000 通り選んだ標本平均の分布をグラフに示すと図 4.4 のようになり，標本の数が増えると正規分布に近づくことがわかる．

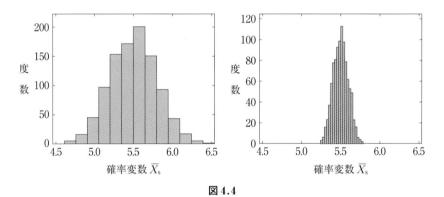

図 4.4

このように，標本平均のことを調べるのに，実用的には，標本の数が 30 以上のときは正規分布で近似してもよいことがわかっている．

― 例題 4.2 ―

ある農家が畑で毎年同じ野菜を栽培しているとする．1 個当たりの重さは，昨年の記録で 20 g，標準偏差が 4 g であった．今年，25 個の標本をとって調べることにした．今年の重さの分布も昨年と変わらないと

する.

標本の値を表す確率変数を X_k, 標本平均を表す確率変数を $\overline{X}_s$ とする. 標本平均を標準正規分布（確率変数は Z とする）で近似して，次の確率を求めよ.

(1) $P(Z > 2.5)$

(2) $P(1 < Z < 2)$

(3) また，(1)と(2)の結果を $\overline{X}_s$ の不等式と確率で表せ.

［解］(1) 付表1の標準正規分布の表から求める．標準正規分布は，平均値が0で，標準偏差が1である．正規分布は，平均値を中心に左右対称な形をしているので，全体の確率，すなわち全面積は1より，0以下と0以上は共に0.5である.

標準正規分布の表は $0 < Z < x$ までの確率を示しているので，$Z > 2.5$ の確率は，右半分の $Z > 0$ の確率0.5から $0 < Z < 2.5$ の確率を引き算して求められる（図4.5）.

$$P(Z > 2.5) = 0.5 - P(0 < Z < 2.5) = 0.5 - 0.4937 = 0.0063$$

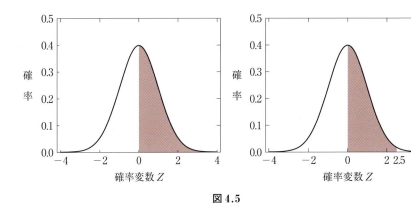

図 4.5

(2) 同じく，標準正規分布の表から求める．標準正規分布の表は，0からある値 a までの確率 $P(0 < Z < a)$ を表しているので，区間 $(1 < Z < 2)$ を0から a までの形で表す必要がある．1から2までの区間は，図4.6のように，0から2までの区間から0から1までの区間を引いて得られるので，次のように計算できる.

$$P(1 < Z < 2) = P(0 < Z < 2) - P(0 < Z < 1)$$
$$= 0.4772 - 0.3413 = 0.1359$$

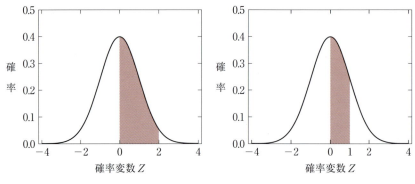

図 4.6

(3) $Z = \dfrac{\overline{X}_s - m}{\sigma/\sqrt{n}} = \dfrac{\overline{X}_s - 20}{4/\sqrt{25}}$ であったから，この式を使って，Z の不等式を X の不等式で表せばよい．

$Z > 2.5$ のとき，

$$\dfrac{\overline{X}_s - 20}{4/\sqrt{25}} > 2.5$$

$$\Rightarrow (\overline{X}_s - 20) \times \dfrac{5}{4} > 2.5$$

$$\Rightarrow \overline{X}_s > 22$$

$$\therefore \quad P(Z > 2.5) = P(\overline{X}_s > 22)$$

すなわち，$P(\overline{X}_s > 22) = 0.0063$ となる．

$1 < Z < 2$ のとき，

$$1 < \dfrac{\overline{X}_s - 20}{4/\sqrt{25}} < 2$$

$$\Rightarrow 1 \times \dfrac{4}{5} < (\overline{X}_s - 20) < 2 \times \dfrac{4}{5}$$

$$\Rightarrow 20.8 < \overline{X}_s < 21.6$$

$$\therefore \quad P(1 < Z < 2) = P(20.8 < \overline{X}_s < 21.6)$$

すなわち，$P(20.8 < \overline{X}_s < 21.6) = 0.1359$ となる．

[**問題 4.2.1**] ある母集団の分布が，平均値 100，標準偏差 10 の分布であるとする．ここから 20 個の標本をとり出し，標本の値を表す確率変数を X_k，標本平均を表す確率変数を $\overline{X}_s$ とする．
$Z = \dfrac{\overline{X}_s - 100}{10/\sqrt{20}}$ を標準正規分布で近似して，次の確率を求めよ．

(1) $P(Z > 1.8)$

(2) $P(0.5 < Z < 1.9)$

(3) (1)と(2)の結果を，$\overline{X_s}$ の不等式と確率で表せ．

[問題 4.2.2] ある機械工場でつくり出す製品の重さの分布が，平均値 10 g，標準偏差 2 g の分布であるとする．ここから 10 個の標本をとり出し，標本の値を表す確率変数を X_k，標本平均を表す確率変数を $\overline{X_s}$ とする．
$Z = \dfrac{\overline{X_s} - 10}{2/\sqrt{10}}$ を標準正規分布で近似して，次の確率を求めよ．

(1) $P(Z < -0.7)$

(2) $P(-0.4 < Z < 1.2)$

(3) (1)と(2)の結果を，$\overline{X_s}$ の不等式と確率で表せ．

4.1.5 標準誤差（SE）

得られたデータが母集団だと考えて，その散らばり具合を表すのは標準偏差であった．一方，得られたデータが標本であると考えて，**標本平均の散らばり具合を表すのが標準誤差**（standard error）である．

母集団には平均値 m，分散 v，標準偏差 $\sigma =$ SD（standard deviation）があった．ここから n 個の標本をとり出すと，確率変数となる標本平均 $\overline{X_s}$ に対して，

$$\text{期待値 } m_s = E(\overline{X_s}) = m, \quad \text{標本平均の分散 } v_s = V(\overline{X_s}) = \frac{v}{n}$$

$$\text{標本平均の標準偏差 } \sigma_s = \sqrt{\text{標本平均の分散}} = \sqrt{\frac{v}{n}} = \frac{\sigma}{\sqrt{n}}$$

が求められたが，この $\sigma/\sqrt{n}$ は標本平均の標準偏差であることから，標準誤差ともよばれている．

ところで，母集団の標準偏差は未知の場合が多いので，標本の**不偏分散**とよばれる量 v_s'（V_s' は確率変数のとき）の平方根で代用するのが普通である．ここで新しく登場した不偏分散については後で詳しく説明するが，分散は平均との差の 2 乗を n で割り，不偏分散は $n-1$ で割った値のことである．

$$V_s' = \frac{\sum\limits_{k=1}^{n}(X_k - \overline{X})^2}{n-1}, \quad v_s' = E(V_s') = v, \quad \sigma_s' = \sqrt{v_s'} = \sqrt{v}$$

$$\text{SE} = \frac{\sigma_s'}{\sqrt{n}}$$

いずれにしても，標準誤差は標本に対して定まる値である．

標準誤差は，後で母集団の推定や検定のときに使うので，詳しくはそちらで述べる．

例題 4.3

ある町の，40 歳代のサラリーマンの年収を母集団とする．母集団の平均値は 358 万円，分散は 12112，標準偏差は 110 であった．

この町の 40 歳代のサラリーマンから 25 人をランダムに選ぶ操作を多数回行い，その年収の平均値を m_{25}（25 人の選び方によっていろいろな値になる）として，次の問いに答えよ．

(1) m_{25} の平均値 m_s を求めよ．

(2) m_{25} の分散 v_s を求めよ．

(3) m_{25} の標準偏差 σ_s を求めよ．

[解] (1) 4.1 節で述べたように，「25 人の標本平均」の平均値 m_s は，母集団の平均値と同じになるので，358 万円となる．

(2) 「25 人の標本平均」の分散 v_s は，
$$v_s = \frac{\text{母集団の分散}}{25} = \frac{12112}{25} \fallingdotseq 484$$
となる．

(3) 「25 人の標本平均」の標準偏差 σ_s は，
$$\sigma_s = \frac{\text{母集団の標準偏差}}{\sqrt{25}} = \frac{110}{5} = 22$$
となる．

[**問題 4.3.1**] 平成 26 年度の大学入試センター試験の，国語の受験者 505214 人の得点を母集団とする．母集団の平均値は 111.29，標準偏差は 33.10 であった（大学入試センター発表）．この受験者から任意に 100 人を選ぶ操作を多数回行い，その平均値を m_{100} として，次の問いに答えよ．

(1) m_{100} の平均値 m_s を求めよ．

(2) m_{100} の分散 v_s を求めよ．

(3) m_{100} の標準偏差 σ_s を求めよ．

[**問題 4.3.2**] ある養鶏場でつくられる鶏卵の重さすべてを母集団とする．この平均値は 50 g であり，標準偏差は 8 g であった．

鶏卵 36 個をランダムに選ぶ実験を多数回行い，その重さの平均値を m_{36} として，次の問いに答えよ．

(1) m_{36} の平均値 m_s を求めよ．
(2) m_{36} の分散 v_s を求めよ．
(3) m_{36} の標準偏差 σ_s を求めよ．

4.2 標本分散の分布

4.2.1 標本分散の平均

4.1.1 項のところで考えたのと同じく，1 から 10 までの数が同じ数だけ極めて多数並んでいる母集団を考えよう．

この母集団の平均値は $m = 5.5$，分散は $v = 8.27$，標準偏差は $\sigma = 2.87$ であった．ここから，5 個の標本をとって，その分散を調べてみる．「5 個の標本をとってその分散を調べる」作業を，10 回，100 回，1000 回，10000 回，100000 回行って，それぞれの実験における平均値を調べると，例えば次のようになる．

この表をみると，「標本分散」は 6.6 に近づいていくようにみえる．この値が母集団の分散 8.27 の何倍かを求めると，$6.6/8.27 \fallingdotseq 0.8$ となり，これを標本の数 5 で表すと，$4/5 = 0.8$ となる．つまり，標本数 5 の標本分散の平均 6.6 は，母集団の分散 8.27 に対して，

実験回数	5 個のサンプルの分散の平均
10 回	5.832
100 回	6.422
1000 回	6.536
10000 回	6.520
100000 回	6.597

$$\text{標本数 5 の標本分散} = \frac{4}{5} \times \text{母集団の分散}$$

という関係になっていそうである．

実は，一般に，標本の数を n とすると，標本分散の平均値について次の式が成り立つことが知られている．

$$\text{標本分散の平均値} = \frac{n-1}{n} \times v$$

このように，標本分散の平均値は母集団の分散と一致しないため，標本分

散から母集団の分散を推定したりするには不便である．

4.2.2 不偏分散

標本の**不偏分散**とは，その平均値が母集団の分散になるようにした量である．後で述べるように，母集団の分散を推定したり検定するには，標本分散よりも，この「不偏分散」の方が有効なのである．

標本分散の平均値が母集団の分散と一致するようにするためには，分散の定義式を少し変形すればよい．すなわち，いままでは，分散を定義するのに標本数 n で割ってきたところを $n-1$ に変更し，もう1つの分散 V'_s，すなわち「不偏分散」を次のように定義する．

$$V'_s = \frac{\sum_{k=1}^{n}(X_k - \overline{X})^2}{n-1} = \frac{n}{n-1} \times V \tag{4.5}$$

この不偏分散の平均値は，母集団の分散と一致する．これは次のように容易に確かめられる．

$$E(V'_s) = E\left(\frac{n}{n-1} \times V\right) = \frac{n}{n-1}E(V) = \frac{n}{n-1} \times \frac{n-1}{n}v = v \tag{4.6}$$

このように，不偏分散の方が，その平均値が母集団の分散と一致するので，扱いやすいといえよう．最近の統計学の本やコンピュータソフトでは，不偏分散のことを単に分散ということが多く，コンピュータでデータを入力して，「分散を求める指示」をすると，結果として出てくる数値は不偏分散の値が表示されることが普通になってきているので注意が必要である．

例題 4.4

コンピュータで平均値6のポアソン分布からランダムに10個の標本を選び出して，その分散と不偏分散を求める実験をする．

(1) この実験を 20 回行ったとき，20 個の標本分散（標本数 10）の平均値を求めよ．また，20 個の不偏分散（標本数 10）の平均値を求めよ．

(2) この実験を 100 回行ったとき，100 個の標本分散（標本数 10）の平均値を求めよ．また，100 個の不偏分散（標本数 10）の平均値を求めよ．

(3) この実験を 1000 回行ったとき，1000 個の標本分散（標本数 10）の平均値を求めよ．また，1000 個の不偏分散の平均値を求めよ．

(4) この実験を 10000 回行ったとき，10000 個の標本分散（標本数 10）の平均値を求めよ．また，10000 個の不偏分散（標本数 10）の平均値を求めよ．

(5) この実験を 100000 回行ったとき，100000 個の標本分散（標本数 10）の平均値を求めよ．また，100000 個の不偏分散（標本数 10）の平均値を求めよ．

(6) 理論的な，標本平均の平均値（期待値），標本分散（標本数 10）の平均値（期待値），不偏分散（標本数 10）の平均値（期待値）を求めよ．また，この結果を上の実験結果と比較せよ．

[**解**] (1) コンピュータを用いて，平均値 6 のポアソン分布からランダムに 10 個の標本を選び出して，（$n = 10$ で割る）標本分散と，（$n - 1 = 9$ で割る）不偏分散を計算する

このような標本分散（標本数 10）と不偏分散（標本数 10）を 20 個集めたとき，それぞれの平均値を求めると，例えば次のようになる．
20 個の標本分散（標本数 10）の平均値は 6.41，20 個の不偏分散（標本数 10）の平均値は 7.12 となる．

(2) 100 個の標本分散（標本数 10）の平均値は 5.09，100 個の不偏分散（標本数 10）の平均値は 5.66 となる．

(3) 1000 個の標本分散（標本数 10）の平均値は 5.34，1000 個の不偏分散（標本数 10）の平均値は 5.93 となる．

(4) 10000 個の標本分散（標本数 10）の平均値は 5.39，10000 個の不偏分散（標本数 10）の平均値は 5.993 となる．

(5) 100000 個の標本分散（標本数 10）の平均値は 5.40，100000 個の不偏分散（標本数 10）の平均値は 6.00 となる．

(6) 標本平均の期待値は母集団の平均値と同じになるから，6 である．平均値 6 のポアソン分布の母分散は平均値と同じであったから，$v = 6$ である．
標本数 10 の標本分散の平均値は，(4.5) より

$$\frac{n-1}{n} \times v = \frac{9}{10} \times 6 = 5.4$$

不偏分散（標本数 10）の平均値は，母集団の分散と同じで 6 である．このことは

上の実験結果と合致している．

[**問題 4.4.1**] 母集団の分布が，平均値 50，分散 10 のポアソン分布をしているとする．ここから，10 個の標本をランダムにとり出すとき，その標本平均の平均値，標本分散の平均値，不偏分散の平均値を求めよ．

[**問題 4.4.2**] あるお菓子の製造メーカーでつくっているお菓子の重さの平均値は 17 g，標準偏差は 0.5 g であった．このメーカーのお菓子をランダムに 8 個標本として選び出したとき，次の問いに答えよ．
(1) 標本の平均の重さを多数回調べた標本平均の平均値を求めよ．
(2) この標本の分散の平均値を求めよ．
(3) この標本の不偏分散の平均値を求めよ．

4.2.3　母集団が正規分布する場合の標本分散と χ^2 分布

χ^2 分布

確率変数 $Z_1, Z_2, \cdots, Z_k$ が互いに独立で，標準正規分布（平均が 0 で，標準偏差が 1）に従うとする．このとき，次の確率変数 Z は，自由度 k の χ^2 (**カイ 2 乗**) **分布**とよばれる分布をする．（χ は，ギリシャ文字の「カイ」で，アルファベットのエックス x とは異なるので注意が必要である．書き方も全く異なる．）

$$Z = Z_1^2 + Z_2^2 + \cdots + Z_k^2$$

χ^2 分布のグラフは，自由度が異なると少し違ってくる．自由度 k が 2, 3, 4, 5, 10 の χ^2 分布のグラフは図 4.7 のようになる．

自由度 k の χ^2 分布する確率変数を W とすると，W の期待値と分散は次のようになる．

$$E(W) = k$$
$$V(W) = 2k$$

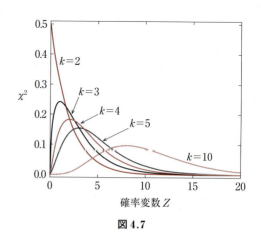

図 4.7

標本分散と χ^2 分布

確率変数 X_k が，平均値 m，標準偏差 σ（分散は σ^2）の正規分布をするとき，$Z_k = \dfrac{X_k - m}{\sigma}$ は平均値 0，標準偏差 1 の標準正規分布をした．そこで正規化すると，次の確率変数 W は自由度 n の χ^2 分布をする．

$$W = \sum_{k=1}^{n} Z_k^2 = \sum_{k=1}^{n}\left(\frac{X_k - m}{\sigma}\right)^2 = \frac{\sum_{k=1}^{n}(X_k - m)^2}{\sigma^2}$$

ここで，母集団の平均値 m を標本平均 $\overline{X}_\mathrm{s}$ で置き換えた

$$W_{n-1} = \frac{\sum_{k=1}^{n}(X_k - \overline{X}_\mathrm{s})^2}{\sigma^2}$$

は，自由度 $n-1$ の χ^2 分布に従う（証明は略）．このことから，標本の不偏分散についても次のことがわかる（s' は記号の一覧を参照）．

$$(s')^2 = V'_\mathrm{s} = \frac{\sum_{k=1}^{n}(X_k - \overline{X}_\mathrm{s})^2}{n-1} = \frac{\sigma^2}{n-1} W_{n-1}$$

標本数 n の標本の不偏分散の分布は，自由度 $n-1$ の χ^2 分布と定数倍のみ異なるだけである．この場合，不偏分散の分散も次のようになる（証明は略）．

$$(s')^2 = V'_\mathrm{s} = \frac{2\sigma^4}{n-1}$$

4.3　t 分 布

4.1.1 項で述べたように，母集団の分布が確率変数 X で表され，平均値 m，標準偏差 σ，分散 $v = \sigma^2$ の正規分布をするとき，次の Y は，標準正規分布（すなわち，平均値 $m = 0$，標準偏差 $\sigma = 1$，分散 $v = \sigma^2 = 1$ の分布）をするのであった．

$$Y = \frac{X - m}{\sigma}$$

また，この母集団から n 個の標本をランダムに選んだときの平均値である標本平均

$$\overline{X}_\mathrm{s} = \frac{\sum_{k=1}^{n} X_k}{n}$$

は，4.1.3 項で述べたように，平均値 m，標準偏差 $\sigma_\mathrm{s} = \dfrac{\sigma}{\sqrt{n}}$ の正規分布と

なり，次の Z は標準正規分布をするのであった．

$$Z = \frac{\overline{X}_\mathrm{s} - m}{\sqrt{\dfrac{\sigma^2}{n}}} \tag{4.7}$$

ところで，σ^2 は母集団の分散であり，σ は母集団の標準偏差であるから，この式は，母集団の分散または標準偏差がわかっていないと意味がないことになる．そこで，これらが未知の場合には，母集団の分散を標本の不偏分散 V'_s で代用するしかない．

$$V'_\mathrm{s} = \frac{\sum\limits_{k=0}^{n}(X_k - \overline{X}_\mathrm{s})^2}{n-1}, \qquad s' = \sqrt{V'_\mathrm{s}}$$

これを (4.7) に代入し，Z を T と表すと

$$T = \frac{\overline{X}_\mathrm{s} - m}{\sqrt{\dfrac{(s')^2}{n}}} = \frac{\overline{X}_\mathrm{s} - m}{\dfrac{s'}{\sqrt{n}}} \tag{4.8}$$

となる．この確率変数 T の分布を，自由度 $n-1$ の **t 分布** といい，図 4.8 のようになる．

図において，グラフの違いは自由度の違いによるが，0 のところの山の部分でいうと，一番下が自由度 1 のグラフであり，次が自由度 2 のグラフであり，次が自由度 5 のグラフである．一番上のグラフは，標準正規分布のグラフである．

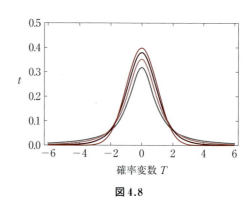

図 4.8

また，t 分布は原点に関して左右対称で，自由度によって少し異なるが，自由度が大きくなると標準正規分布に近くなっていく．なお，t 分布は，母集団の分散が未知の場合に，母集団の平均値の推定や検定に利用される．

$P(-t < T < t) = \alpha$ となる α の値と t の値は，統計学の本の巻末には載せてあるのが普通であるが，コンピュータのソフト，統計ソフト，数学ソフ

トで簡単に求められるようにもなった．巻末の付表2に，左右の確率(面積)が α になるような t の値を表で示しておく．この表は，後で述べる，母集団の平均値の推定や検定で役に立つことになる．

第4章のポイント

1. 母集団の平均値を m, 分散を v, 標準偏差を $\sigma = \sqrt{v}$ とすると，標本平均 $\overline{X}_s = \dfrac{X_1 + X_2 + \cdots X_n}{n}$ の平均値は m, 分散は $\dfrac{v}{n}$, 標準偏差は $\dfrac{\sigma}{\sqrt{n}}$ となる．
2. n の値を大きくしていくと，標本平均の分布は，中心極限定理から，平均値 m, 分散 $\dfrac{v}{n}$ の正規分布に近づいていく．
3. **標準誤差** (SE) とは，データが標本であることを確認した上で，その標準偏差のことである．
4. 標本の分散である**標本分散**の平均値は $\dfrac{n-1}{n}v$ となる．
5. 標本平均の分散が v となるように，標本の分散として，**不偏分散**
$$\frac{\sum\limits_{k=1}^{n}(X_k - \overline{X})^2}{n-1} = \frac{n}{n-1} \times v$$
を使うことが多い．
6. 母集団の分布が確率変数 X で表され，平均値 m, 分散 v の正規分布をするとき，n 個の標本平均を $\overline{X}_s$ とする．標本の不偏分散の平方根を s' とすると，次の T は自由度 $n-1$ の t **分布**をする．
$$T = \frac{\overline{X}_s - m}{\dfrac{s'}{\sqrt{n}}}$$

　標本（サンプル）の情報から，元になっている全体の情報を推定するのが統計的推定である．ただし，標本の選び方には偶然性がつきまとうので，全体の情報については確率的にしか結論できない．
　本章では，確率の概念や計算方法を活用して全体の情報について推定していく方法について述べる．

5.1 点推定

　統計的推定というのは，母集団の一部である標本の情報から，母集団の情報を推測することである．そして，標本から母集団のことを推測する分野を，特に**推測統計学**ということもある．
　母集団の平均値や分散の値を推測する方法には，**点推定**と**区間推定**がある．点推定とは，母集団の平均値や分散などを「この値であろう」と，1つの値として推定する方法である．大胆な方法であるが，こうした方法が必要なこともある．
　点推定をするには，いくつかの合理的な条件を満たさなければならない．そして，標本から得られる統計量を推定に使う場合，この統計量のことを**推定量**という．

5.1.1 不偏性（不偏推定量）

例えば，10 個の標本から母集団の平均値を推定する場合には標本平均を使うが，これが不偏性をもつことを復習しておこう．

母集団が確率変数 X で表される分布をするとき，その平均値（期待値）を $E(X) = m$，標準偏差を σ で表すと，分散は $v = \sigma^2$ と表せる．また，n 個の標本の値を表す確率変数を $X_1, X_2, \cdots, X_n$ とすると，これらは X と同じ分布をすると考えてよく，標本平均 $\overline{X}_s$ は次のように定めることができた．

$$\overline{X}_s = \frac{X_1 + X_2 + \cdots + X_n}{n}$$

このように具体的に 1 つの標本から標本平均の値を得たとき，この値を母集団の平均値と推定してよいか，という合理性を考えてみる．そうすると，**ランダムに標本を選んで標本平均を得るという操作を多数回繰り返せば，その平均値が母集団の平均値と一致するということが「合理性」の理由になりうる**．この性質を**不偏性**といい，このような推定量を**不偏推定量**という．

分散の場合は，標本の不偏分散 V_s' の期待値が母集団の分散 v に等しくなるので，この「不偏分散」が不偏性をもっているのである．つまり，不偏分散が不偏推定量となる．

$$V_s' = \frac{(X_1 - \overline{X}_s)^2 + (X_2 - \overline{X}_s)^2 + \cdots + (X_n - \overline{X}_s)^2}{n - 1}, \quad E(V_s') = v$$

5.1.2 一致性

ある統計量が不偏性をもつとは，標本の数は少なくても，多数回の実験を行うと，その標本平均が母集団の平均値に等しくなっていく，ということであった．これに対して，**一致性**とは，「**標本をとる個数を増やしていけば，母集団の平均値や分散に近くなっていく**」という性質である．

一致性をもつ統計量を使って推定する場合に，**一致推定量**という．標本平均は標本の数が大きくなれば母集団の平均値に近づくので，一致推定量でもある．

実は，標本分散も不偏分散もこの意味で一致推定量である．標本分散は不偏ではなかったが，n を大きくしていくと母集団の分散に近くなっていき，

一致性という合理性はもっているのである．

$$\lim_{n\to\infty} \frac{(X_1 - \overline{X}_s)^2 + \cdots + (X_k - \overline{X}_s)^2}{n} = v$$

ここでの収束は大数の弱法則と同じ意味である．

5.2 母集団の平均値の区間推定 — 母集団の分散が既知のとき —

母集団の平均値など，母集団の性質を表す数値を「このくらいの幅に入る確率はどのくらいか」という形で推定するのが**区間推定**である．例えば，今年のお米の生産高，大学入試センター試験の英語の平均点，政党支持率，内閣支持率，テレビの視聴率など，区間推定をすることができる例は多い．

母集団の平均値は，標本の平均値から推定する．標本平均は不偏推定量であるので，母集団の平均値の周りに集まっている．標本平均が母集団の平均値に近く，「このくらいの範囲に入る確率がどのくらいか」がわかれば，それを利用して，逆に母集団の平均値が推定できることになる．

母集団の平均値を m，標準偏差を σ とすると，第 4 章で述べたように，標本平均の分布は，その平均値が母集団の平均と同じで，標準偏差は $\frac{\sigma}{\sqrt{n}}$ であった．しかも，その分布は標本数がある程度 ($n > 30$) 大きいと正規分布で近似できるので，したがって，次の確率変数 Z は標準正規分布をするとしてよいことになる．

$$Z = \frac{\overline{X}_s - m}{\frac{\sigma}{\sqrt{n}}}$$

いま，母集団の平均値が m（未知），標準偏差が 12，標本の数が $n = 36$ という例において，標本 36 個の平均値が 56.8 であったとする．この事実から，いかにして母集団の平均値を推定できるかを考えてみよう．

付表 1 の標準正規分布表を使うと，左右対称で，95% の確率が入る区間は次のようになっている．

$$P(-1.96 < Z < 1.96) = 0.95$$

これを，標本平均の不等式で表すと次のようになる．

$$-1.96 < Z < 1.96$$
$$\Rightarrow \quad -1.96 < \frac{\overline{X}_\text{s} - m}{\frac{\sigma}{\sqrt{n}}} < 1.96$$
$$\Rightarrow \quad -1.96 \times \frac{\sigma}{\sqrt{n}} < \overline{X}_\text{s} - m < 1.96 \times \frac{\sigma}{\sqrt{n}}$$
$$\Rightarrow \quad -1.96 \times \frac{12}{\sqrt{36}} < \overline{X}_\text{s} - m < 1.96 \times \frac{12}{\sqrt{36}}$$
$$\Rightarrow \quad -3.92 < \overline{X}_\text{s} - m < 3.92$$
$$\Rightarrow \quad m - 3.92 < \overline{X}_\text{s} < m + 3.92$$

よって，次の式が成り立つ．

$$P(-1.96 < Z < 1.96) = P(m - 3.92 < \overline{X}_\text{s} < m + 3.92) = 0.95$$

この式の意味は，標本平均は標本を選ぶ度にいろいろな値をとるが，$m - 3.92$ から $m + 3.92$ の間に入る確率が，0.95（95％）になるということである．

たくさんある標本のとり方の中で，いま調べた標本平均 56.8 が，この区間に入っていたとするならば，次の不等式が成り立つ．

$$m - 3.92 < 56.8 < m + 3.92$$

この不等式を m を中心に変形すると，左半分の $m - 3.92 < 56.8$ より $m < 56.8 + 3.92 = 60.72$，右半分の $56.8 < m + 3.92$ より $56.8 - 2.92 = 53.88 < m$ となり，両方合わせて $53.88 < m < 60.72$ となる．

まとめると，$P(m - 3.92 < \overline{X}_\text{s} < m + 3.92) = 0.95$ より，標本平均は，実験を何回も繰り返せば 95％ の割合で $m - 3.92 < \overline{X}_\text{s} < m + 3.92$ の範囲にあり，いま具体的に調べた標本平均 56.8 がこの範囲にあれば，母集団の平均値は $53.88 < m < 60.72$ ということになる．そして，このとき，

「母集団の平均値は 95％ の信頼度（あるいは信頼確率）で $53.88 < m < 60.72$ といえる」

と表現するのである．このような区間を **信頼区間** という．

なお，普通の確率と区別する理由は，「$53.88 < m < 60.72$ となる確率が 0.95」などと表現すると，あたかも m がいろいろな値をとり，ちょうど

この区間に入る確率が 0.95 であるかのように誤解するからである．ここではあくまでも，「m は変化せずに，ただ 1 つの値」である．

よって，一般化すると，標本数が n，母集団の標準偏差が σ のとき，母集団の平均値 m の信頼度が 95% のときの区間推定の方法は，

$$\overline{X}_s - 1.96 \times \frac{\sigma}{\sqrt{n}} < m < \overline{X}_s + 1.96 \times \frac{\sigma}{\sqrt{n}} \tag{5.1}$$

の式に具体的な標本平均 $\overline{X}_s$ の値を代入すればよい．

(5.1) で 1.96 の代わりに 1 を用いると，標準正規分布の表から 68% の信頼度となり，信頼区間は次のようになる．

$$\overline{X}_s - \frac{\sigma}{\sqrt{n}} < m < \overline{X}_s + \frac{\sigma}{\sqrt{n}} \tag{5.2}$$

また，1.96 の代わりに 3 を用いると，標準正規分布の表から 99.7% の信頼度となり，信頼区間は次のようになる．

$$\overline{X}_s - 3 \times \frac{\sigma}{\sqrt{n}} < m < \overline{X}_s + 3 \times \frac{\sigma}{\sqrt{n}} \tag{5.3}$$

このように，信頼度を小さくすれば信頼区間は狭くなり，信頼度を大きくすれば信頼区間は広くなるが，一般的には (5.1) の，

信頼度 95% で，係数を 1.96

にすればよい．

例題 5.1

ある自動車メーカーの販売店が，毎月の売り上げ台数を調べることになった．今月は，まだ全店舗の集計が出ていないが，標本として 30 店舗での売り上げ台数を調べたところ，平均値が 6.8 台であった．すべての店舗で調べた売り上げ台数 m を，次の信頼度で区間推定せよ．ただし，店舗ごとの売り上げ台数の散らばりを表す標準偏差は毎月ほとんど変化がなく，2.3 台であるとする．また，標本平均は正規分布すると近似してよいとする．

(1) 68% の信頼度に対する信頼区間

(2) 95% の信頼度に対する信頼区間

(3) 99.7% の信頼度に対する信頼区間

[解] (1) (5.2) の

$$\overline{X}_s - \frac{\sigma}{\sqrt{n}} < m < \overline{X}_s + \frac{\sigma}{\sqrt{n}}$$

が成り立つから，これに $\overline{X}_s = 6.8$, $\sigma = 2.3$, $n = 30$ を代入すると

$$6.8 - \frac{2.3}{\sqrt{30}} < m < 6.8 + \frac{2.3}{\sqrt{30}}$$

となり，計算して次のようになる．

$$6.38 < m < 7.22$$

(2) (5.1) の

$$\overline{X}_s - 1.96 \times \frac{\sigma}{\sqrt{n}} < m < \overline{X}_s + 1.96 \times \frac{\sigma}{\sqrt{n}}$$

が成り立つから，これに $\overline{X}_s = 6.8$, $\sigma = 2.3$, $n = 30$ を代入すると

$$6.8 - 1.96 \times \frac{2.3}{\sqrt{30}} < m < 6.8 + 1.96 \times \frac{2.3}{\sqrt{30}}$$

となり，計算して次のようになる．

$$5.98 < m < 7.62$$

(3) (5.3) の

$$\overline{X}_s - 3 \times \frac{\sigma}{\sqrt{n}} < m < \overline{X}_s + 3 \times \frac{\sigma}{\sqrt{n}}$$

が成り立つから，これに $\overline{X}_s = 6.8$, $\sigma = 2.3$, $n = 30$ を代入すると

$$6.8 - 3 \times \frac{2.3}{\sqrt{30}} < m < 6.8 + 3 \times \frac{2.3}{\sqrt{30}}$$

となり，計算して次のようになる．

$$5.54 < m < 8.06$$

[**問題 5.1.1**] 母集団の平均値 m を，標本平均から区間推定したい．調べる標本の数は 50 で，標本平均は正規分布すると近似してよいとする．いま，調べた標本平均が 50.3 であったとする．このとき，次の信頼度で m を区間推定せよ．ただし，母集団の標準偏差は 7.5 であるとしてよいことがわかっているとする．

(1) 68% の信頼度に対する信頼区間

(2) 95% の信頼度に対する信頼区間

(3) 99.7% の信頼度に対する信頼区間

[**問題 5.1.2**] ある市で，一人暮らしをしている人の年齢を調べることになった．全数調査は難しいということで，100 世帯を標本として調べたところ，標本での年齢の平均値は 69.3 歳であった．年齢のばらつきを示す標準偏差は毎年同じだと考えて，6.5 とする．このとき，次の信頼度で全世帯の年齢を区間推定せよ．

(1) 68%の信頼度に対する信頼区間

(2) 95%の信頼度に対する信頼区間

(3) 99.7%の信頼度に対する信頼区間

5.3 母集団の平均値の区間推定 — 母集団の分散が未知のとき —

この節では，母集団の分布が正規分布すると仮定して話を進めることにする．母集団の分散が既知の場合は前節で扱ったが，母集団の標準偏差や分散がわからない場合，$v = \sigma^2$ の代わりに，標本の分散または不偏分散を使わざるを得ない．標本の不偏分散 V_s' は

$$V_s' = \frac{(X_1 - \overline{X_s})^2 + (X_2 - \overline{X_s})^2 + \cdots + (X_n - \overline{X_s})^2}{n - 1}, \quad s' = \sqrt{V_s'}$$

で与えられたから，σ の代わりにこの s' を使い，(4.8) と同様に Z を改めて T とおくと，

$$T = \frac{\overline{X_s} - m}{\frac{s'}{\sqrt{n}}}$$

となる．第4章で述べたように，この分布は自由度 $n - 1$ の t 分布をする．

いま，標本の数が $n = 10$，自由度が $n - 1 = 10 - 1 = 9$ とする．t 分布は $t = 0$ を対称軸にして左右対称であった．また，標本平均が 50.7，標本の不偏分散が $(s')^2 = V_s' = 10.4$ で，$s' = 3.22$ とする．

中央の確率が 0.9（90%）の t の値は，巻末の付表2の t 分布表から読みとる．表の自由度9をみて，外側の確率0.1の部分を読みとると，2.262 であることがわかる．これは，次のことを意味する．

$$P(-2.262 < T < 2.262) = 0.9$$

この不等式を変形していくと次のようになる．

$$-2.262 < T < 2.262$$

$$\Rightarrow \quad -2.262 < \frac{\overline{X_s} - m}{\frac{s'}{\sqrt{n}}} < 2.262$$

$$\Rightarrow \quad -2.262 \times \frac{3.22}{\sqrt{10}} < \overline{X_s} - m < 2.262 \times \frac{3.22}{\sqrt{10}}$$

5.3 母集団の平均値の区間推定 — 母集団の分散が未知のとき —

$$\Rightarrow \quad -2.30 < \overline{X}_s - m < 2.30$$
$$\Rightarrow \quad \overline{X}_s - 2.30 < m < \overline{X}_s + 2.30$$
$$\Rightarrow \quad 50.7 - 2.30 < m < 50.7 + 2.30$$
$$\Rightarrow \quad 48.4 < m < 53.0$$

すなわち，90％の信頼度で，$48.4 < m < 53.0$ が信頼区間として得られる．

上の計算における t の値は，信頼度と自由度が異なれば異なる値になる．一般に，信頼度を α とし，標本の数を n，自由度を $n-1$ として，信頼度が α の部分の t の値を表から見出し，具体的に定まったこの値を t_0 とする．また，標本平均を m_0，不偏分散を $(s')^2$ とする．

t_0 がみつかったとすると，
$$P(-t_0 < T < t_0) = \alpha$$
となり，$T = \dfrac{\overline{X}_s - m}{s'/\sqrt{n}}$ であったから，$-t_0 < T < t_0$ を変形すると，信頼度 α のもとで次のようになる．
$$-t_0 \times \frac{s'}{\sqrt{n}} < m_0 - m < t_0 \times \frac{s'}{\sqrt{n}}$$

したがって，母集団の平均値 m の信頼度 α の信頼区間は
$$m_0 - t_0 \times \frac{s'}{\sqrt{n}} < m < m_0 + t_0 \times \frac{s'}{\sqrt{n}} \tag{5.4}$$
となり，信頼度 α と自由度 $n-1$ が異なれば，t_0 の値も異なってくることになる．

この式が，母集団の分散が未知の場合の，信頼度 α の下での母集団の平均値の区間推定の一般式である．繰り返しておくが，m_0 は標本平均，$(s')^2$ は標本の不偏分散であり，t_0 は信頼度 α になる t 分布の値である（$P(-t_0 < T < t_0) = \alpha$）．

例題 5.2

ある自動車メーカーの販売店が，毎月の売り上げ台数を調べることになった．今月は，まだ全店舗の集計が出ていないが，標本として 20 店舗での売り上げ台数を調べたところ，平均値が 6.8 台であった．また，この標本の不偏分散は $(s')^2 = 8$, $s' = \sqrt{8} = 2.83$ であった．すべての店舗での 1 店舗当たりの平均売り上げ台数 m を，次の信頼度で区間推

定せよ．ただし，店舗ごとの売り上げ台数の散らばりを表す標準偏差は毎月変化が大きく確定できないという．また，母集団は正規分布すると近似してよいとする．

(1) 90%の信頼度に対する信頼区間

(2) 95%の信頼度に対する信頼区間

(3) 99%の信頼度に対する信頼区間

[解] 母集団の平均値を区間推定するのであるが，母集団の標準偏差と分散が未知であるから，t 分布を使う．

(1) 標本の数が20であるから，自由度は $20-1=19$ である．自由度19で，両側を除いた範囲の確率が0.9に当たる t_0 の値を付表2の t 分布表から探すと，$t_0=1.729$ がみつかる．

推定区間は，一般式である (5.4) に $m_0=6.8$, $s'=2.83$, $n=20$, $t_0=1.729$ を代入して，

$$6.8-1.729\times\frac{2.83}{\sqrt{20}}<m<6.8+1.729\times\frac{2.83}{\sqrt{20}}$$

$$\therefore\quad 5.71<m<7.89$$

となる．

(2) 自由度19で，両側を除いた範囲の確率が0.95に当たる t_0 の値を付表2の t 分布表から探すと，$t_0=2.093$ がみつかる．

推定区間は，一般式(5.4)に $m_0=6.8$, $s'=2.83$, $n=20$, $t_0=2.093$ を代入して，

$$6.8-2.093\times\frac{2.83}{\sqrt{20}}<m<6.8+2.093\times\frac{2.83}{\sqrt{20}}$$

$$\therefore\quad 5.48<m<8.12$$

となる．

(3) 自由度19で，両側を除いた範囲の確率が0.99に当たる t_0 の値を付表2の t 分布表から探すと，$t_0=2.861$ がみつかる．

推定区間は，一般式(5.4)に $m_0=6.8$, $s'=2.83$, $n=20$, $t_0=2.861$ を代入して，

$$6.8-2.861\times\frac{2.83}{\sqrt{20}}<m<6.8+2.861\times\frac{2.83}{\sqrt{20}}$$

$$\therefore\quad 4.99<m<8.61$$

となる．

[問題5.2.1] 正規分布する母集団の平均値を標本のデータから区間推定した

い，標本数は 30 とし，標本の標本平均は 25，標本の不偏分散は 20.4 であった．このとき，母集団の平均値を次の信頼度で区間推定せよ．ただし，母集団の標準偏差はわかっていないものとする．

(1) 90%の信頼度に対する信頼区間
(2) 95%の信頼度に対する信頼区間
(3) 99%の信頼度に対する信頼区間

[**問題 5.2.2**] ある工場でつくっている工業製品の重さの分布は，正規分布することが確認されている．今月，工程を見直して，新しい工程表で同じ製品をつくり始めた．製品の重さに変化がなかったかを調べるために，20 個の標本をとり出して調べたところ，標本平均は 3.6 g，標本の不偏分散は $(s')^2 = 8.4$ であった．このとき，母集団の平均値を次の信頼度で区間推定せよ．ただし，母集団の標準偏差はわかっていないものとする．

(1) 90%の信頼度に対する信頼区間
(2) 95%の信頼度に対する信頼区間
(3) 99%の信頼度に対する信頼区間

5.4 分散の区間推定

母集団の分散を点推定するには，不偏性と一致性をもった「不偏分散」

$$(s')^2 = \frac{\sum_{k=1}^{n}(X_k - \overline{X}_\mathrm{s})^2}{n-1}$$

がよいことは 5.1 節で述べた．ここでは，分散を区間推定する方法について述べる．

4.2.3 項で述べたように，母集団が正規分布するとき，不偏分散 $(s')^2$ の分布は，自由度 $n-1$ の χ^2 分布する確率変数 W_{n-1} と

$$(s')^2 = \frac{\sigma^2}{n-1} \times W_{n-1}, \qquad \sigma^2 = \frac{(n-1)(s')^2}{W_{n-1}}$$

の関係で結ばれていた．

ここで，付表 3 の χ^2 分布の数表を紹介する．縦の列の一番左は，自由度を表している．問題に適合する自由度の部分を選び，その行だけの数値をみればよい．また，図 5.1 の色付きの部分の面積（確率）が，一番上の行に示

した数値に該当する．

例えば，自由度が 20 のときの見方を説明する．1 番左の df（自由度）が 20 の列で，7.434 というのは，7.434 以上の部分の確率が 0.995 あることを意味している．2 番目の 8.260 という数値は，8.260 以上の部分の確率が 0.99 あることを意味している．以下，同様である．

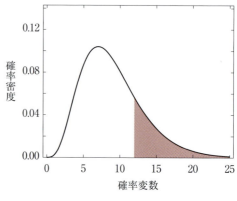

図 5.1

いま，標本の数が $n = 10$，自由度が $n - 1 = 9$，標本の不偏分散が $(s')^2 = 5.9$，その平方根が $s' = 2.43$ として，母集団の分散を 90% の信頼度で区間推定してみよう．

中央部分の確率を信頼度 0.9 として推定したいときには，右端で 0.05 の信頼度，左端で 0.95 の信頼度にする．そのときの χ^2 の値を，横軸

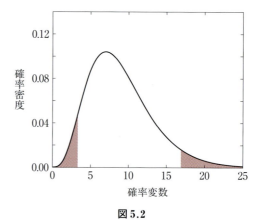

図 5.2

の目盛として表から読みとると，表の自由度 9 の部分で 0.05 になる値として 16.92，0.95 になる値として 3.325 を得る．つまり，χ^2 分布の意味と 16.92 と 3.325 の意味から，次の式が成り立つ．

$$P(3.325 < W_0 < 16.92) = 0.9$$

これは，図 5.2 の真ん中の白い部分の面積（確率）を表している．

4.2.3 項で述べたように，次の分布

$$W_{n-1} = \frac{(n - 1)(s')^2}{\sigma^2}$$

は，自由度 $n-1$ の χ^2 分布をするのであった．ここに，$n=10$, $s'=2.43$ を代入すると

$$W_9 = \frac{9(s')^2}{\sigma^2} = \frac{9 \times 2.43^2}{\sigma^2} = \frac{53.14}{\sigma^2}$$

となり，これを 90% の信頼度で成り立つ式に代入すると次のようになる．

$$3.325 < \frac{53.14}{\sigma^2} < 16.92$$

したがって，

$$\frac{53.14}{16.92} < \sigma^2 < \frac{53.14}{3.325}$$

となり，

$$3.14 < \sigma^2 < 15.98$$

が得られる．この結果から，母集団の分散は 90% の信頼度で，3.14 から 15.98 の間にあることがわかった．

一般に，標本数 n の標本の不偏分散 $(s')^2$ から，母集団の分散 σ^2 を信頼度 α で区間推定するには，自由度 $n-1$ の χ^2 分布の表において，χ^2 の右側の値は $\frac{1-\alpha}{2}$ を与える数値を読みとり，「大きい方の値 maximum」という意味で，一般に ma と表す．そして，表の左側の値は $1-\frac{1-\alpha}{2}=\frac{1+\alpha}{2}$ を与える数値を読みとり，「小さい方の値 minimum」という意味で，一般に，mi と表す．

すなわち，

$$P(mi < W_{n-1} < ma) = \alpha$$

となり，これに $W_{n-1} = \frac{(n-1)(s')^2}{\sigma^2}$ を代入して，σ^2 の不等式に変形する．

$$mi < W_{n-1} < ma \Rightarrow mi < \frac{(n-1)(s')^2}{\sigma^2} < ma$$
$$\Rightarrow mi \times \sigma^2 < (n-1)(s')^2 < ma \times \sigma^2$$
$$\Rightarrow \frac{(n-1)(s')^2}{ma} < \sigma^2 < \frac{(n-1)(s')^2}{mi}$$

この最後の不等式，

$$\frac{(n-1)(s')^2}{ma} < \sigma^2 < \frac{(n-1)(s')^2}{mi} \tag{5.5}$$

が，分散の区間推定で用いる式となる．

例題 5.3

工場での製品の品質管理をするには,製品の分散の管理が大切である.いま,新しい機械を導入したことにともなって,製品の重さの分散がどうなったかを知りたいとする.31個の標本をとって調べたところ,標本平均は 6.2 g,標本の不偏分散は 9.2 であった.次の信頼度で,母集団の分散の区間推定せよ.ただし,重さの分布は正規分布するとしてよい.

(1) 信頼度 90% での区間推定
(2) 信頼度 95% での区間推定
(3) 信頼度 99% での区間推定

[**解**] 母集団の分散の区間推定であるから χ^2 分布を用い,χ^2 分布の表を活用する.

(1) 信頼度が $\alpha = 0.9$ であるから,付表 3 にある図の右側(色付き)の部分で $\frac{1-0.9}{2} = 0.05$ に当たるところを,χ^2 分布の表で自由度 30 の部分から読みとり,$ma = 43.77$ が得られる.図の左側の部分は $1 - 0.05 = 0.95$ に当たるところを読みとり,$mi = 18.49$ が得られる.

したがって,式(5.5)に $mi = 18.49$,$ma = 43.77$,$(s')^2 = 9.2$ を代入すると

$$\frac{30 \times 9.2}{43.77} < \sigma^2 < \frac{30 \times 9.2}{18.49}$$

となり,求める推定区間は

$$6.31 < \sigma^2 < 14.93$$

となる.

(2) $\alpha = 0.95$ から,付表 3 にある図の右側の部分で $\frac{1-0.95}{2} = 0.025$ に当たるところを,自由度 30 の部分から読みとり,46.98 が得られる.図の左側の部分は $1 - 0.025 = 0.975$ に当たるところを読みとり,16.79 が得られる.

したがって,式(5.4)に $mi = 16.79$,$ma = 46.98$,$(s')^2 = 9.2$ を代入すると

$$\frac{30 \times 9.2}{46.98} < \sigma^2 < \frac{30 \times 9.2}{16.79}$$

となり,求める推定区間は

$$5.87 < \sigma^2 < 16.44$$

となる.

(3) $\alpha = 0.99$ から付表 3 にある図の右側の部分で $\frac{1-0.99}{2} = 0.005$ に当たるところを,自由度 30 の部分から読みとり,53.67 が得られる.図の左側の部分は

$1 - 0.005 = 0.995$ に当たるところを読みとり，13.79 が得られる．

したがって，式(5.4) に $mi = 13.79$，$ma = 53.67$，$(s')^2 = 9.2$ を代入すると
$$\frac{30 \times 9.2}{53.67} < \sigma^2 < \frac{30 \times 9.2}{13.79}$$
となり，求める推定区間は
$$5.14 < \sigma^2 < 20.01$$
となる．

[**問題 5.3.1**] ある母集団が正規分布しているとする．いま，母集団の分散を推定するために 23 個の標本を選び，標本平均 55.7，標本の不偏分散 $(s')^2 = 12.9$ を得た．次の信頼度で，母集団の分散の区間推定を行え．

(1) 信頼度 90% での区間推定
(2) 信頼度 95% での区間推定
(3) 信頼度 99% での区間推定

5.5 母集団における比率の推定

内閣を支持している有権者の比率，全人口の中で失業している人の比率，企業の経営者が「景気は良くなっている」と感じている比率，などなど，比率の問題は日常いたるところで目にする．イエス（内閣を支持する）かノー（支持しない）かを聞く世論調査は，ほとんどが比率を問題にしている．

これらの問題では，母集団の分布を表す確率変数を，イエスだったら $X = 1$，ノーだったら $X = 0$ とするだけでよい．n 個の標本の値 $X_1, X_2, \cdots, X_n$ の場合も同じである．標本平均が標本の比率を表している．
$$S_n = X_1 + X_2 + \cdots + X_n$$
は，2.3.1 項で述べたように 2 項分布をして，平均値（期待値）が $E(S_n) = np$，分散が $V(S_n) = npq$，標準偏差が $\sqrt{npq}$ であった．

母集団における，ある調査結果の平均値，すなわち比率を p とすると，その推定は，いままでの平均値の推定と同じ考え方でできる．母集団における比率を点推定するには，標本平均，すなわち比率を p' としたときに，それを p とすればよい．これは，次のような理由による．

いま，ある調査結果の標本平均 $\overline{X}_s$ が，標本におけるイエスの比率 p' を表すとすると，

$$p' = \overline{X}_\mathrm{s} = \frac{S_n}{n} = \frac{X_1 + X_2 + \cdots + X_n}{n}$$

となり，S_n は 2 項分布に他ならない．$q = 1 - p$ とおくと，平均値は $E(S_n) = np$，分散は $V(S_n) = npq = np(1-p)$ であったから，$\overline{X}_\mathrm{s}$ の平均値（期待値），分散，標準偏差は次のようになる．

$$E(\overline{X}_\mathrm{s}) = \frac{np}{n} = p, \quad V(\overline{X}_\mathrm{s}) = \frac{npq}{n^2} = \frac{pq}{n}, \quad \sigma(\overline{X}_\mathrm{s}) = \sqrt{\frac{pq}{n}}$$

したがって，$\overline{X}_\mathrm{s}$ は母集団の比率の「不偏推定量」となることがわかる．

2.5 節で述べたように，標本の数が大きい（$n > 30$）と，次の確率変数 Z は標準正規分布で近似してよかった．

$$Z = \frac{\overline{X}_\mathrm{s} - p}{\sqrt{\dfrac{p(1-p)}{n}}}$$

また，信頼度 0.9 に対する信頼区間は

$$P(-1.96 < Z < 1.96) = 0.95$$

で与えられるが，標本平均，すなわち標本での比率を具体的に $p' = 0.45$ とし，標本数は 100 とすると，Z に関する不等式は (5.2) より

$$-1.96 \times \frac{\sqrt{p(1-p)}}{n} < p' - p < 1.96 \times \frac{\sqrt{p(1-p)}}{n}$$

となる．

この不等式から母集団における比率 p の範囲を導こうとすると，p についての 2 次不等式を解かなければならない．不可能ではないが，相当面倒である．そこで，通常は p についての 2 次不等式にならないように $\sqrt{p(1-p)}$ の中の p を，標本での比率 p' で置き換えて計算する．このように近似しても大差がないことを確かめることはそれほど難しくはないが，ここでは省略する．

p を p' で置き換えると，上の不等式は

$$-1.96 \times \sqrt{\frac{p'(1-p')}{n}} < p' - p < 1.96 \times \sqrt{\frac{p'(1-p')}{n}}$$

となり，結局

$$p' - 1.96 \times \sqrt{\frac{p'(1-p')}{n}} < p < p' + 1.96 \times \sqrt{\frac{p'(1-p')}{n}}$$

(5.6)

5.5 母集団における比率の推定

となる．

この不等式において，例えば，内閣支持率を 100 人の標本について調べたところ 45% であったとすると，$n = 100$, $p' = 0.45$ を代入して，

$$0.45 - 1.96 \times \sqrt{\frac{0.45 \times 0.55}{100}} < p < 0.45 + 1.96 \times \sqrt{\frac{0.45 \times 0.55}{100}}$$

$$\therefore \quad 0.352 < p < 0.548$$

となる．

信頼度が 99.7% の場合には，上の不等式の 1.96 の部分を 3 に置き換えて，

$$0.45 - 3 \times \sqrt{\frac{0.45 \times 0.55}{100}} < p < 0.45 + 3 \times \sqrt{\frac{0.45 \times 0.55}{100}}$$

$$\therefore \quad 0.301 < p < 0.599$$

となる．

信頼度が 68% の場合には，上の不等式の 3 の部分を 1 に置き換えて，

$$0.45 - 1 \times \sqrt{\frac{0.45 \times 0.55}{100}} < p < 0.45 + 1 \times \sqrt{\frac{0.45 \times 0.55}{100}}$$

$$\therefore \quad 0.400 < p < 0.500$$

となる．

信頼度が異なれば，推定区間も異なってくる．また，信頼度が大きくなると推定区間は広がってくるので注意してほしい．

例題 5.4

ある内閣の有権者の支持率について，ある報道機関が標本で調査した．標本数は 500 人で，500 人での支持率は 48% であった．信頼度 90% で，有権者全体の支持率を区間推定せよ．

[解] この節で述べたように，信頼度 90% の母集団の比率 p は (5.6) で区間推定でき，p' は標本での比率である．

この不等式に具体的な数値 $n = 500$, $p' = 0.48$ を代入して計算すると，

$$0.48 - 1.96 \times \sqrt{\frac{0.48 \times 0.52}{500}} < p < 0.48 + 1.96 \times \sqrt{\frac{0.48 \times 0.52}{500}}$$

$$0.436 < p < 0.524$$

となるので，

$$43.6\% < p < 52.4\%$$

が，求める母集団の比率の区間推定である．標本の比率 48% と比較して，母集団の比率は ±5% くらいの幅があることに注意する必要がある．

［**問題 5.4.1**］ ある大学の学生がスマートフォンをもっている割合を推定するため，ランダムに 50 人を選んで調べた．50 人の中でスマートフォンをもっている人は 45 人で，50 人中の 90% であった．この大学の学生全体ではどのくらいの割合でスマートフォンをもっているかを，95% の信頼度で区間推定せよ．

［**問題 5.4.2**］ ある市で，自動車を保有している世帯の割合を調査することになった．全数調査は費用が掛かりすぎるため，200 世帯をランダムに選んで調査した．200 世帯のうちで自動車を保有している世帯の割合は 67% であった．信頼度 68% で，全世帯での自動車保有の割合を区間推定せよ．

第 5 章のポイント

1. 母集団の分散がわかっていて，標本数 n，標準偏差 σ のとき，**母集団の平均値 m の区間推定**は，信頼度 95% では次のようになる．
$$\overline{X}_s - 1.96 \times \frac{\sigma}{\sqrt{n}} < m < \overline{X}_s + 1.96 \times \frac{\sigma}{\sqrt{n}}$$
母集団の平均値を区間推定するには，この式に具体的な標本平均 $\overline{X}_s$ の値を代入すればよい．

2. 母集団の分散が未知の場合，**母集団の平均値 m の信頼区間**は次のようになる．なお，$(s')^2$ は標本の不偏分散，t_0 は信頼度に対応する t 分布の値である．
$$m_0 - t_0 \times \frac{s'}{\sqrt{n}} < m < m_0 + t_0 \times \frac{s'}{\sqrt{n}}$$

3. 母集団において，ある事柄が起きている比率 p は，標本での比率 p' から次のように区間推定する（信頼度が 95% の場合）．
$$p' - 1.96 \times \sqrt{\frac{p'(1-p')}{n}} < p < p' + 1.96 \times \sqrt{\frac{p'(1-p')}{n}}$$

第6章 統計的検定の考え方

2つの集団があったときに、双方に違いがあるのかないのか、それぞれの標本（サンプル）だけから結果を導く方法が、統計的検定である．

この標本のとり方には偶然性が入り込むため、確率論の助けが必要になる．本章では、この統計的検定を使って、例えば、景気が本当によくなったのかどうかなど、得られる情報をもとにどのように判断をすればよいのかということについて述べる．

6.1 母集団の平均値の検定 ― 母集団の分散が既知のとき ―

次の例を考えてみよう．ある自動車メーカーの下請け工場では、特殊なネジを生産しているが、製造工程を速くするために、新しい機械を10台入れた．一定個数の製品を生産するのにかかる時間は、従来では平均で6.7分、標準偏差は1.2であった．いま、新しい機械で生産したら、製造時間が短縮されたのかどうかを調べたい．試しに、20回繰り返して試験的に生産してみた結果、20回の平均時間は6.1分であった．6.7分から6.1分になったのだから、製造時間は「短縮された」と考えてよいだろうか．

実は、速断するのはまだ早い．というのは、20回繰り返したといっても、たまたま6.7分より短くなっただけかもしれない．また、元々の製造時間が平均で6.7分といっても、別の20回のサンプルをとったときには、平均時間が6.1分になることも普通に起きていた可能性もあるからである．

これらの疑問を解消するためには、元々6.7分であったことが間違いな

と仮定した上で，20個のサンプルの平均値の分布について知っておく必要がある．

この例では，母集団の平均値が $m = 6.7$，標準偏差が $\sigma = 1.2$ であるから，第4章の標本分布のところで述べたように，$n = 20$ 個の標本平均 $\overline{X}_s$ の分布は，平均値 $m = 6.7$，標準偏差 $\dfrac{\sigma}{\sqrt{n}} = \dfrac{1.2}{\sqrt{20}}$ の分布をすることになる．ま

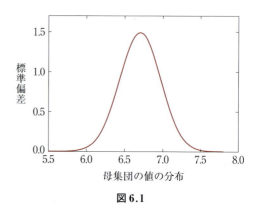

図 6.1

た，標本平均は正規分布すると考えてよかったから，標本平均の分布をグラフに表すと図6.1のようになる．

この分布で，中央が95%の確率になる範囲を求めてみよう．標準正規分布の場合，付表1の標準正規分布の表から $P(-1.96 < Z < 1.96) = 0.95$ であったから，次の不等式が95%の確率で成り立つ．

$$-1.96 < \frac{\overline{X}_s - 6.7}{\dfrac{1.2}{\sqrt{20}}} < 1.96$$

分母を払って整理すると，

$6.17 < \overline{X}_s < 7.23$

となり，これを図に示すと図6.2のようになる．

新しい機械で20回繰り返して試験的に生産してみたときの平均時間は6.1分であったから，これを図示すると図の縦線のようになり，95%の確率で起きる中央部分からは外れていることがわかる．

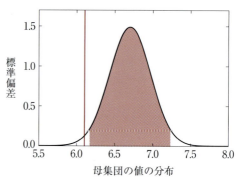

図 6.2

6.1 母集団の平均値の検定 — 母集団の分散が既知のとき —

この事実をどのように解釈するかであるが，元々の平均値が6.7で正しいと仮定すると，6.1は中央部分の95%の確率で起きる部分（普通に起きうる範囲）の外側になるので，「めったに起きないことが起きた」とも考えられるが，統計的検定では，「母集団の平均が6.7であるという仮定が間違っていた」と考えるのである．このとき，はじめの仮定（ここでは，母集団の平均が6.7であるという仮定）を**帰無仮説**とよぶ．

帰無仮説が成り立つ場合でも，図からわかるように5%の確率では起きる事柄なので，6.7を否定してしまうことは間違っている可能性もある．この場合の誤りを**第一種の過誤**とよび，間違う確率を**危険率**とよぶ．ここの例では，危険率は5%ということになる．

一方，標本平均（この例では6.7）が95%で起きる範囲にあるときは，帰無仮説を否定できないので，本当は帰無仮説を否定すべきかもしれないのに否定しない誤りを，**第二種の過誤**とよぶ．

いずれにしても，限られた標本から母集団のことを調べるのであるから，確定的なことはいえないのである．

この例では，95%のときの係数を1.96としたが，90%にしたいときには1.96の代わりに1.65を，99%にしたいときには2.58を用いればよい．

危険率を5%にした場合の統計的検定の仕方をまとめておくと次のようになる．まず，帰無仮説として，母集団の平均値をm（実際には具体的な数値）とする．母集団の分散が既知（あるいは仮定してよい場合）でσ^2，標本の数をn，標本平均をm'とする．このとき，m'が次の範囲に入っていなければ，帰無仮説は棄却される．

$$m - 1.96 \times \frac{\sigma}{\sqrt{n}} < m' < m + 1.96 \times \frac{\sigma}{\sqrt{n}} \qquad (6.1)$$

以上のように，統計的検定の考え方と計算は，区間推定の考え方や計算を活用すれば理解しやすい．

例題 6.1

ある自動車教習所の講習会で，従来の先生から新しい先生に変わったことにより，受講生の模擬試験の点数が上がったかどうかを検定したい．従来の先生のもとでの模擬試験の平均値は87.3点であった．標準

偏差は先生によって変わらず，$\sigma = 3.6$ としてよいことがわかっているものとする．新しい先生の指導を受けた受講生から，標本として 40 人の受講生の模擬試験の点数を調べたところ，平均点が 89.8 点であった．この結果から，新しい先生になったことで受講生の平均点に変化があったといえるかどうかを，危険率 1% で検定せよ．

[解] 付表 1 の標準正規分布の表から，危険率 1% のとき，標準正規分布する Z の範囲は次のようになる．

$$P(-2.58 < Z < 2.58) = 0.99$$

この不等式を標本平均 $\overline{X}_s$ で表すと，

$$-2.58 \times \frac{\sigma}{\sqrt{n}} < \overline{X}_s - 87.3 < 2.58 \times \frac{\sigma}{\sqrt{n}}$$

となる．この式に $n = 40$, $\sigma = 3.6$ を代入すると

$$87.3 - 2.58 \times \frac{3.6}{\sqrt{40}} < \overline{X}_s < 87.3 + 2.58 \times \frac{3.6}{\sqrt{40}}$$

となり，整理すると

$$85.8 < \overline{X}_s < 88.8$$

となる．

新しい先生になってからの標本平均 89.8 は，この範囲の外側にあることがわかる．したがって，「平均値は変わらず 87.3 点であるという帰無仮説」は棄却され，新しい先生になって，受講生の平均点に変化があったと考えられる．

[問題 6.1.1] ある大学で，新入生の英語の学力が 10 年前と比べて変化したかどうかを調査することになった．10 年前に行った未公開の問題を，ランダムに選んだ 50 人の学生にやってもらったところ，50 人の平均点は 74 点であった．10 年前の新入生の平均点は 78.4 点，標準偏差は 7.6 点であったとし，今年も標準偏差は同じであるとする．

今年の新入生の英語の学力は，10 年前と比べて変化したといえるかどうかを，危険率 1% で検定せよ．

[問題 6.1.2] ある大学で，新入生の親の年収について，10 年前と比べて変化したかどうかを調べることになった．10 年前は，新入生の親の年収の平均値は 760 万円であった．今年の新入生の親 30 人をサンプルとして選んで調べたところ，年収の平均値は 700 万円であった．今年の親の年収は，10 年前と比べて変化したといえるかどうかを，危険率 5% で検定せよ．ただし，今年の年収の標準偏差は，

10年前と変わらず，120万円とする．

6.2 母集団の平均値の検定 ─ 母集団の分散が未知のとき ─

　母集団の分散が未知のときの母集団の平均値の検定（以前と差が生じたか否かの検定）は，母集団の分散が未知の場合の母集団の区間推定を t 分布で行ったのと同じ考え方でできる．基礎になるのは次のことである．

　母集団の分布は正規分布をするとし，確率変数 X で表せるとする．その平均値は $E(X) = m = 58.3$, 分散は未知とする．n 個の標本をランダムに選ぶ場合の確率変数を $X_k (k = 1, 2, \cdots, n)$ で表すと，X_k の分布は X と同一で，互いに独立である．

　このとき 4.1.3 項で述べたように，標本平均 $\overline{X}_s$ は次のように定められた．

$$\overline{X}_s = \frac{X_1 + X_2 + \cdots + X_n}{n}$$

また，$\overline{X}_s$ の平均値は $E(\overline{X}_s) = m$, 標本の不偏分散 $(s')^2$ は

$$(s')^2 = \frac{(X_1 - \overline{X}_s)^2 + (X_2 - \overline{X}_s)^2 + \cdots + (X_n - \overline{X}_s)^2}{n - 1}$$

となり，このとき，確率変数 T は自由度 $n-1$ の t 分布をするので，

$$T = \frac{\overline{X}_s - m}{\dfrac{s'}{\sqrt{n}}} \tag{6.2}$$

で与えられる．

　例えば，標本の数 $n = 8$, 自由度 $n - 1 = 7$ の t 分布において，中央の確率が 90% になる区間は，付表 2 の t 分布表から

$$P(-1.895 < T < 1.895) = 0.9$$

となる．この不等式に (6.2) を代入して整理すると

$$P\left(m - 1.895 \times \frac{s'}{\sqrt{n}} < \overline{X}_s < m + 1.895 \times \frac{s'}{\sqrt{n}}\right) = 0.9$$

となり，これに例えば $n = 8$, $m = 58.3$, $s' = 5.8$ を代入すると，

$$P(54.4 < \overline{X}_s < 62.2) = 0.9$$

となる．

　上の確率から，標本平均の値が 54.4 より小さかったり，62.2 より大きか

ったりしたら，中央部分の 90% の範囲にはないので，「平均値には差がないという帰無仮説」を棄却し，「変化があった」と判断する．

> **例題 6.2**
>
> 例題 6.1 と同じ状況で，標準偏差が未知とする．新しい先生の指導を受けた受講生の中から，標本として 20 人の受講生の模擬試験の点数を調べたところ，平均点は 89.8 点，標本の不偏分散は $(s')^2 = 9.6$，$s' = 3.1$ であった．この結果から，新しい先生のもとで受講生の平均点に変化があったといえるかどうかを，危険率 1% で検定せよ．

[解] 付表 2 の t 分布表から，危険率 1% のとき，自由度 $n - 1 = 20 - 1 = 19$ の t 分布する T の範囲は次のようになる．

$$P(-2.861 < T < 2.861) = 0.99$$

この不等式を標本平均 $\overline{X}_s$ で表すと

$$-2.861 \times \frac{s'}{\sqrt{n}} < \overline{X}_s - 87.3 < 2.861 \times \frac{s'}{\sqrt{n}}$$

となり，これに $s = 31$，$n = 20$ を代入すると

$$87.3 - 2.861 \times \frac{3.1}{\sqrt{20}} < \overline{X}_s < 87.3 + 2.861 \times \frac{3.1}{\sqrt{20}}$$

となるので，

$$85.3 < \overline{X}_s < 89.3$$

が得られる．

標本 20 人の平均点 89.8 はこの範囲にないので，帰無仮説は棄却され，新しい先生のもとで受講生の平均点には変化があったといえる．

[**問題 6.2.1**] ある大学で，新入生の英語の学力が 10 年前と比べて変化したかどうかを調査することになった．10 年前に行った未公開の問題を，ランダムに選んだ 31 人にやってもらった．31 人の平均点は 74 点であり，標本の不偏分散は 13.7 点であった．10 年前の新入生の平均値は 78.4 点であり，10 年前の標準偏差はわからないものとする．

今年の新入生の英語の学力は，10 年前と比べて変化したといえるかどうかを，危険率 10% で検定せよ．

[**問題 6.2.2**] ある大学で，新入生の親の年収について，10 年前と比べて変化したかどうかを調べることになった．10 年前は，新入生の親の年収の平均値は 760 万円であった．今年の新入生の親 31 人を標本として選んで調べたところ，年

収の平均値は 700 万円であった．標本の不偏分散は 120^2 であったとする．今年の親の年収は，10 年前と比べて変化したといえるか，危険率 5% で検定せよ．ただし，10 年前の親の年収の標準偏差はわからないものとする．

6.3 母集団の比率の検定

母集団の比率の検定とは，例えば，内閣の支持率は標本数 500 についての調査であるが，先月の内閣の支持率は 46.8% で今月の内閣の支持率は 47.3% であるから「内閣の支持率は上がった」という新聞報道をそのまま信じてよいか，といったことなどを調べるものである．

母集団の比率について，区間推定を行ったときのことを思い起こそう．母集団は，Yes $(X = 1)$ か No $(X = 0)$ だけでできている．Yes の割合を $p = E(X)$ とすると，No の割合は $q = 1 - p$ となる．母集団の確率変数 X の分散は $V(X) = pq = p(1-p)$ であり，k 番目の標本の値 $X_k (k = 1, 2, \cdots, n)$ の分布は X の分布と同じと考えてよかった．

また，標本での比率 $p' = \overline{X}_s = \dfrac{\sum\limits_{k=1}^{n} X_k}{n}$ は，$n > 30$ なら正規分布すると考えてよかったので，次の確率変数

$$Z = \frac{\overline{X}_s - p}{\sqrt{\dfrac{p(1-p)}{n}}}$$

は，平均値 0，標準偏差 1 の標準正規分布をすると考えてよいのであった．

ところで，標準正規分布が中央部分 95% である区間は

$$P(-1.96 < Z < 1.96) = 0.95$$

であるから，これを p' の不等式に変形すると，

$$p - 1.96 \times \sqrt{\frac{p(1-p)}{n}} < p' < p + 1.96 \times \sqrt{\frac{p(1-p)}{n}}$$

となり，これに $p = 0.468$，$n = 500$ を代入して計算すると，

$$0.424 < p' < 0.512$$

となる．

冒頭の例では，標本調査の結果は $p' = 0.473$ であった．この値は上の不等式を満たし，95% で起こる範囲に入っているので，つまり，今月の内閣の

支持率47.3%というのは，先月の内閣の支持率46.8%と同じだとしても，十分起こりうる範囲の数値ということになる．したがって，帰無仮説は棄却されない．つまり，今月は先月より内閣の支持率が高くなったとはいえないということになる．

例題6.3

ある化粧品会社の商品は，従来は，男性購入者の割合が22%であった．そこで，男性にもさらに販路を広げたいと，商品の質や宣伝方法にいろいろな工夫をしてみたところ，標本に選んだ100人では，男性購入者の割合は33%に増加したという．この場合，いろいろな工夫の結果，男性購入者の割合が多くなったと結論してよいかどうかを，危険率1%で検定せよ．

[解] 母集団での比率が $p = 0.22$ のとき，標本数100の標本についての割合が変化したかどうかを検定すればよい．危険率が1%なので，標準正規分布 Z において99%に入る範囲は，付表1から次のようになる．

$$P(-2.58 < Z < 2.58) = 0.99$$

この不等式を標本での比率 p' で表すと

$$-2.58 < \frac{p' - p}{\sqrt{\frac{p(1-p)}{100}}} < 2.58$$

となるので，変形して整理すると

$$p - 2.58 \times \sqrt{\frac{p(1-p)}{100}} < p' < p + 2.58 \times \sqrt{\frac{p(1-p)}{100}}$$

となり，これに $p = 0.22$, $n = 100$ を代入して計算すると

$$0.22 - 2.58 \times \sqrt{\frac{0.22 \times (1 - 0.22)}{100}} < p' < 0.22 + 2.58 \times \sqrt{\frac{0.22 \times (1 - 0.22)}{100}}$$

より，

$$0.113 < p' < 0.327$$

となる．

33%（= 0.33）は，この範囲外であるから，危険率1%で，男性購入者の割合は変化したといえる．

[問題6.3.1] 小学校教員の中で，女性教員の割合は10年前は58.7%であった．今年，全数調査が出る前に，200人の小学校教員をランダムに選んで女性教員の割合を調べたら，59.4%であった．女性教員の割合は増加したといえるかどうかを，

危険率10%で検定せよ．

[**問題 6.3.2**] ある市で，固定資産税を1年以上滞納している市民の割合を調べたところ，10年前は滞納者の割合は 4.8% であった．今年は市長が新しくなり，滞納者への対策をいろいろ講じてきた．全数調査が出る前に，80人を標本として滞納者の割合を調べたら，2.8% であった．滞納者の割合に変化があったと判断してよいかどうかを，危険率5%で検定せよ．

第6章のポイント

1. 帰無仮説として，母集団の平均値を m(具体的数値) のままとする．母集団の分散が既知（あるいは仮定してよい）で σ^2，標本の数を n，標本平均を m' とする．m' が次の範囲に入っていないとき，帰無仮説は棄却される．
$$m - 1.96 \times \frac{\sigma}{\sqrt{n}} < m' < m + 1.96 \times \frac{\sigma}{\sqrt{n}}$$

2. 帰無仮説として，母集団の平均値が m(具体的数値) のままであるとする．母集団の分散が未知で，標本の数を n，標本平均を m' とする．m' が次の範囲に入っていないとき，帰無仮説は棄却される．
$$m - t_0 \times \frac{s'}{\sqrt{n}} < m' < m + t_0 \times \frac{s'}{\sqrt{n}}$$
t_0 は，危険率 α，信頼度 $1-\alpha$ に対する t 分布の値であり，$(s')^2$ は，標本の不偏分散である．

3. 母集団の比率 p の検定は以下のように行う．
標本数を n，標本での比率を p' とする．危険率5%での検定は，p' が
$$p - 1.96 \times \sqrt{\frac{p(1-p)}{n}} < p' < p + 1.96 \times \sqrt{\frac{p(1-p)}{n}}$$
の範囲外にあれば帰無仮説（母集団の比率は p のまま）は棄却され，この範囲にあれば棄却されない．

第7章
相関分析とは何か

　数学の点数が良い人は国語の点数も良いのだろうか．両者の間には何らかの関係があるのだろうか．それとも，何の関係もないのだろうか．こうした互いの関係を分析する手法が**相関分析**である．経済や経営で遭遇する例でいえば，例えば，2種類の車 A，B を生産・販売している自動車メーカーで，両方の車種の売り上げには関係があるのかないのかなどといったことを調べたりすることができる．

　これらの2つの量の相関の程度を数値として表すのが**相関係数**である．相関係数は高等学校の数学の「データの分析」のところでも結果だけが扱われるが，本章ではその計算式の導き方についても述べる．

7.1 相関図の概念と描き方

　ここでは，親の収入（世帯の収入）と子供の学力との関係を例に考えてみよう．

　ある小学校のあるクラス6年生の20人の生徒の，1年間の算数の点数（100点満点に換算）と親の世帯の年収を調べてみたら，次の表のようになった．

　左の表は 2015 年の結果であり，右の表は 2005 年の結果である．なお，生徒は 1，2，3，…，19，20 の番号で表している．

　数字だけで表された表だけをみていても，何もわからない．そこで，これらを図に表してみよう．1人の生徒が，算数の点数と，親の年収という2つの数字をもっている．そこで，算数の点数を横軸に，親の年収を縦軸にとり，1人1人の生徒を平面上の点で表してみよう．

7.1 相関図の概念と描き方

2015 年 生徒番号	2015 年 点 数	2015 年 親の年収 (万円)	2005 年 生徒番号	2005 年 点 数	2005 年 親の年収 (万円)
1	55	650	1	88	800
2	76	400	2	76	860
3	84	520	3	54	630
4	64	500	4	68	600
5	80	480	5	48	390
6	78	400	6	53	570
7	85	480	7	48	480
8	84	800	8	76	570
9	88	900	9	55	650
10	76	760	10	76	400
11	54	530	11	84	800
12	58	600	12	85	660
13	48	390	13	69	490
14	53	570	14	60	570
15	48	480	15	91	540
16	76	670	16	84	520
17	85	860	17	64	560
18	59	490	18	80	480
19	60	570	19	78	420
20	91	940	20	55	750

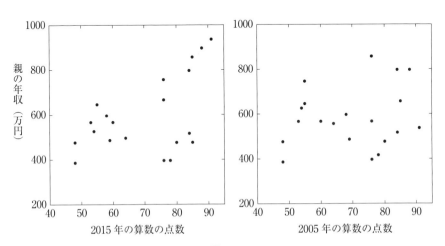

図 7.1

この方法は，中学校で座標平面上に点を図示したのと全く同じである．このような図を**相関図**あるいは**散布図**といい，座標の入った平面上に点をプロットしたものであるが，それでも，数字だけを眺めているよりも，算数の点数と親の年収の関係がわかりやすくなる．

図 7.1 の 2015 年の図 (左) と，2005 年の図 (右) をみると，何か違いがみえてくる．2005 年のときは，算数の点数と親の年収の高低はあまり関係がなさそうにみえるが，2015 年になると，点数の良い子の親の年収はそれなりに高いことがわかる．

7.2 相関係数の概念と計算方法

2015 年においては，算数の点数と親の年収には多少の関係がありそうである．このことを，「2 つの量には相関がある」というが，この**相関の程度を数値として表す**のが**相関係数**である．

各データを (x_k, y_k) で表し，はじめに，それぞれの量が平均値からどれだけ離れているかを求める．$\bar{x} = \sum_{k=1}^{n} x_k$，$\bar{y} = \sum_{k=1}^{n} y_k$ とおき，それぞれの量の x 軸方向での平均値からの離れ具合 $(x_k - \bar{x})$ と y 軸方向での平均値からの離れ具合 $(y_k - \bar{y})$ の積 $(x_k - \bar{x})(y_k - \bar{y})$ を考えると，図 7.2 のように，この積の値がプラスになると，平均値で区切った右上の部分と左下の部分に対応し，マイナスになると，右下の部分と左上の部分に対応する．そのため，この積の値の合計がプラスで大きいほど右上と左下の場合が大きく，相関が高いことに対応する．このとき，データの数に依存しないように，両者の積の和をデータの数 n で割り算した値を σ_{xy} と表し，

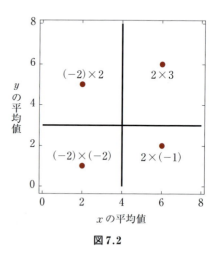

図 7.2

$$\sigma_{xy} = \frac{\sum\limits_{k=1}^{n}(x_k - \overline{x})(y_k - \overline{y})}{n} \tag{7.1}$$

を，x と y の**共分散**という．

なお，x 方向の値と y 方向の値は数値の大きさががかなり異なるため，x 軸の数値と，y 軸の数値を標準化しなくてはならない．そのためには，共分散 σ_{xy} の値を，x の標準偏差 σ_x と y の標準偏差 σ_y で割り算すればよいことがわかっており，これを r で表す．

$$\begin{aligned} r = \frac{\sigma_{xy}}{\sigma_x \sigma_y} &= \frac{\dfrac{\sum\limits_{k=1}^{n}(x_k - \overline{x})(y_k - \overline{y})}{n}}{\sqrt{\dfrac{\sum\limits_{k=1}^{n}(x_k - \overline{x})^2}{n}} \sqrt{\dfrac{\sum\limits_{k=1}^{n}(y_k - \overline{y})^2}{n}}} \\ &= \frac{\sum\limits_{k=1}^{n}(x_k - \overline{x})(y_k - \overline{y})}{\sqrt{\sum\limits_{k=1}^{n}(x_k - \overline{x})^2}\sqrt{\sum\limits_{k=1}^{n}(y_k - \overline{y})^2}} \end{aligned} \tag{7.2}$$

この r を，x と y の**相関係数**という．

では，先に挙げた2015年の算数の点数と親の年収のデータについて，相関係数を求めてみよう．

算数の平均値は

$$\overline{x} = \frac{55 + 76 + 84 + \cdots + 60 + 91}{20} = \frac{1402}{20} = 70.1$$

となり，親の年収の平均値は

$$\overline{y} = \frac{650 + 400 + 520 + \cdots + 940}{20} = \frac{11990}{20} = 599.5$$

となるので，必要な数値を計算すると，

$$\sum_{k=1}^{20}(x_k - 70.1)(y_k - 599.5) = 23951$$

$$\sqrt{\sum_{k=1}^{20}(x_k - 70.1)^2} = 63.3861, \quad \sqrt{\sum_{k=1}^{20}(y_k - 599.5)^2} = 740.739$$

となる．したがって，相関係数は

$$r = \frac{23951}{63.3861 \times 740.739} = 0.51011\cdots \fallingdotseq 0.51$$

となる．

次に，2005年の算数の点数と親の年収との相関係数を求めてみよう．
算数の平均値は
$$\bar{x} = \frac{88 + 76 + 54 + \cdots + 78 + 55}{20} = \frac{1392}{20} = 69.6$$
となり，親の年収の平均値は
$$\bar{y} = \frac{800 + 860 + 630 + \cdots + 750}{20} = \frac{11740}{20} = 587$$
となるので，必要な数値を計算すると，
$$\sum_{k=1}^{20}(x_k - 69.6)(y_k - 587) = 7296$$
$$\sqrt{\sum_{k=1}^{20}(x_k - 69.6)^2} = 61.2764, \quad \sqrt{\sum_{k=1}^{20}(y_k - 587)^2} = 587.724$$
となる．したがって，相関係数は
$$r = \frac{7296}{61.2764 \times 587.724} = 0.20259\cdots \fallingdotseq 0.20$$
となる．

相関係数の値によって，一般的には右表のような判断が行われる（ただし，本によって相関係数の範囲や相関の程度の表現が多少異なる）．なお，相関係数の値がマイナスのときは，「負の相関」となる．

相関係数 r の値	相関の程度の表現
$0 \sim \pm 0.2$	ほとんど相関がない
$\pm 0.2 \sim \pm 0.4$	やや相関がある
$\pm 0.4 \sim 0.7$	相関がある
$\pm 0.7 \sim \pm 0.9$	強い相関がある
$\pm 0.9 \sim \pm 1.0$	極めて強い相関がある

ただし，相関の程度の言葉の表現よりも，相関係数の大きさと相関図の関係を理解しておく方が大切である．ここでは，代表的な相関図を図7.3に挙げておこう．

なお，母集団の相関係数と標本の相関係数の関係を明らかにすれば，標本の相関係数から母集団の相関係数の様子がわかるが，本書では省略する．
（母集団の相関係数の推定や検定については，より専門的な本を参照されたい．）

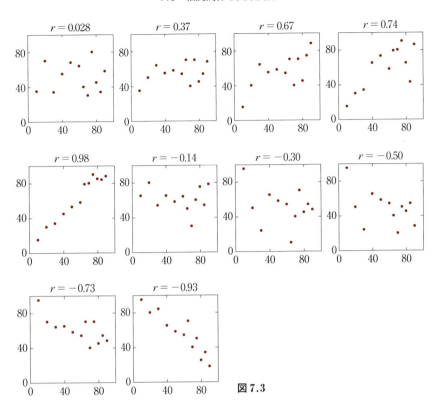

図 7.3

7.3 相関関係と因果関係

　まず最初に注意したいことは，相関が高いことと因果関係があることは，直接は関係しないということである．

　例えば，平成元年から平成 20 年までの，1 人当たりの医療費と国立大学の授業料を調べてみると，次の表のようになる．

　相関図は図 7.4 のようになり，相関係数は $r = 0.987274 ≒ 0.98$ となる．これは，「極めて強い相関がある」といえる．しかし，1 人当たりの医療費と，国立大学の授業料には極めて大きな因果関係はありそうにない．1 人当たりの医療費が上がることが国立大学の授業料に極めて大きな影響を与えるとは考えにくいだろう．すなわち，両者には「極めて大きな因果関係はない」と

平成年	1人当たり医療費 (千円)	国立大学授業料 (円)	平成年	1人当たり医療費 (千円)	国立大学授業料 (円)
1	160.1	339600	11	242.3	478800
2	166.7	339600	12	237.5	478800
3	176.0	375600	13	244.3	496800
4	188.7	375600	14	242.9	496800
5	195.3	411600	15	247.1	520800
6	206.3	411600	16	251.5	520800
7	214.7	447600	17	259.5	535800
8	226.1	447600	18	259.3	535800
9	229.2	469200	19	267.2	535800
10	233.9	469200	20	272.6	535800

いえる．しかし，極めて強い相関は認められるのである．

この例のように，時間的経過で2つの量をセットにして相関関係を調べると，相関関係がある場合はいくらでもありうるが，必ずしも因果関係があるとは限らないのである．したがって，時系列の場合は特に顕著であるが，そうでなくても，相関関係から因果関係があるかのように主張する論理には十分注意することが必要である．

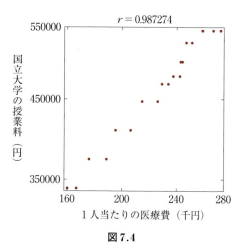

図7.4

もちろん，逆に，相関関係があることをヒントにしてさらに具体的な分析を行い，そこから何らかの因果関係を見出す場合が多いことも事実である．

例えば，労働者の労働時間の推移と失業率の間に正の相関が認められたとき，さらに詳しく分析してみたら，事業者は，仕事の増加分を現在の労働者の労働時間を増やして対処することで新規の労働者の採用をせず，そのことが結果的に失業率が高くなる結果を招いているかもしれない．

7.3 相関関係と因果関係

このような分析は，一般の統計学ではできないことである．統計学はヒントを与えてくれる大事な道具ではあるが，分析のヒントを示してくれるにすぎないのである．

例題 7.1

経済学の有名な命題として，「完全失業率が高いと消費者物価指数（インフレ率）が低い」という「フィリップス曲線」がある．最近の日本で，この命題が成り立っているかをみるため，総務省統計局の資料から完全失業率と消費者物価指数を調べてみると次の表のようになる．

(1) 完全失業率と消費者物価指数の関係を相関図で表せ．
(2) 完全失業率と消費者物価指数の相関係数を求めよ．
(3) 最近の26年間の日本で，「失業率が高いと物価指数が低い」という法則（「フィリップス曲線」）は成り立っているといえるか．
(4) (3)について，最近の20年間にしてみるとどうなるか．相関図と相関係数を求めて，どんなことがわかるか．

西暦年 (/月)	完全失業率	消費者物価指数	西暦年 (/月)	完全失業率	消費者物価指数
1990/1	2.1	92.9	2003/1	5.5	100.6
1991/1	2.1	96.6	2004/1	5.1	100.3
1992/1	2.1	98.3	2005/1	4.7	100.5
1993/1	2.1	99.5	2006/1	4.7	100.4
1994/1	2.6	100.8	2007/1	4.1	100.4
1995/1	2.9	101.3	2008/1	4.0	101.1
1996/1	3.4	100.8	2009/1	4.4	101.1
1997/1	3.3	101.4	2010/1	5.3	100.1
1998/1	3.7	103.3	2011/1	5.2	99.5
1999/1	4.8	103.5	2012/1	4.7	99.6
2000/1	4.9	102.8	2013/1	4.6	99.3
2001/1	4.8	102.5	2014/1	3.9	100.7
2002/1	5.4	101.0	2015/1	3.7	103.1

［解］ 座標平面上に 26 個の点，$(2.1, 92.9), (2.1, 96.6), \cdots, (3.7, 103.1)$ をプロットすると，図 7.5 のような相関図が得られる．

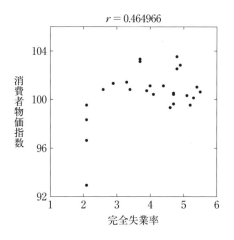

図 7.5

(2) 相関係数の算出に必要な数値を求めていく．失業率のデータを $x = \{2.1, 2.1, \cdots, 3.7\}$，物価指数のデータを $y = \{92.9, 96.6, \cdots, 103.1\}$ とすると

$$\overline{x} = 4.00385, \qquad \overline{y} = 100.438$$

$$\sum_{k=1}^{26}(x_k - \overline{x})(y_k - \overline{y}) = 27.9762$$

$$\sqrt{\sum_{k=1}^{26}(x_k - \overline{x})^2} = 5.59371, \qquad \sqrt{\sum_{k=1}^{26}(y_k - \overline{y})^2} = 10.85$$

となるので，相関係数は

$$r = \frac{\sum_{k=1}^{26}(x_k - \overline{x})(y_k - \overline{y})}{\sqrt{\sum_{k=1}^{26}(x_k - \overline{x})^2} \times \sqrt{\sum_{k=1}^{26}(y_k - \overline{y})^2}}$$

$$= \frac{27.9762}{5.59371 \times 10.85}$$

$$= 0.460956\cdots \fallingdotseq 0.46$$

となる．

(3) 最近の 26 年間の日本のデータをみる限り，相関図（図 7.5）をみても，相関係数で考えても，「失業率が高いと物価指数が低い」というフィリップス曲線は認められない．

(4) 最近 20 年間の完全失業率と消費者物価指数の関係を相関図で示すと図 7.6 のようになる．

この図をみる限りは，失業率が高いことと物価指数が低いことは対応しているようにみえるので，フィリップス曲線が成り立っているようにみえる．そこで，相関係数を計算すると $r = -0.29447 \fallingdotseq -0.29$ とマイナスの値になることがわかる．

7.3 相関関係と因果関係

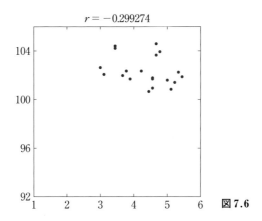

図 7.6

(3), (4) は,「最近の日本ではフィリップス曲線は成り立たない」と, 得られたデータから早急に判断してはならないという例といえる. この問題では,「最近」というのを, どのくらいの期間について考えるかで異なった結果になったのである.

[**問題 7.1.1**] ある中学校のあるクラスで, 数学の点数と英語の点数に関係があるかを調べたところ, 次のような結果になった.

生徒番号	数学の点数	英語の点数	生徒番号	数学の点数	英語の点数
1	50	60	11	40	60
2	48	80	12	50	50
3	32	54	13	40	64
4	28	60	14	59	48
5	69	40	15	50	70
6	80	70	16	70	80
7	64	86	17	83	70
8	35	48	18	32	65
9	20	40	19	76	80
10	25	50	20	40	58

(1) 数学の点数と英語の点数の関係を相関図で表せ.
(2) 数学の点数と英語の点数の相関係数を求めよ.
(3) (1) と (2) から, どのようなことがいえるか.

[問題 7.1.2] (1) 総務省統計局などが公開しているデータより，1995 年から 2013 年までの 19 年間における「1 人当たりの名目 GDP」と「総人口」を調べて表にまとめよ．

(2) (1)の結果を，相関図に表せ．

(3) 「1 人当たりの名目 GDP」と「総人口」との関係を表す相関係数の値を求めよ．

(4) 以上の結果から何がいえるか．

第 7 章のポイント

1. 1つの個体に常に2つの量 X, Y が付随しているとき，2つの量を縦軸と横軸の成分で表して平面上に示した図を，**相関図**あるいは**散布図**という．X と Y に相関があるかどうかは，相関図をみることで大体つかむことができる．

2. X と Y の相関の程度を数値で表したのが**相関係数**で，次のように定義される．

$$r = \frac{\sigma_{xy}}{\sigma_x \sigma_y}$$

$$= \frac{\dfrac{\sum\limits_{k=1}^{n}(x_k - \overline{x})(y_k - \overline{y})}{n}}{\sqrt{\dfrac{\sum\limits_{k=1}^{n}(x_k - \overline{x})^2}{n}} \sqrt{\dfrac{\sum\limits_{k=1}^{n}(y_k - \overline{y})^2}{n}}}$$

$$= \frac{\sum\limits_{k=1}^{n}(x_k - \overline{x})(y_k - \overline{y})}{\sqrt{\sum\limits_{k=1}^{n}(x_k - \overline{x})^2} \sqrt{\sum\limits_{k=1}^{n}(y_k - \overline{y})^2}}$$

ここで，$\overline{x}$ は x_k の平均値，$\overline{y}$ は y_k の平均値である．

第8章
回帰分析とは何か

　本章は，前章の相関分析との結び付きが強い．例えば，児童の算数の点数と親の世帯の年収の間に相関があると認められたとき，算数の点数から親の年収を推測できるのが，回帰分析とよばれる分析方法である．

8.1　回帰直線の概念と計算方法

　7.1 節に挙げた，2015 年の児童の算数の点数と親の世帯の年収の間に相関があると認められたとき，算数の点数から親の年収を推測する式をつくってみよう．もちろん，算数の点数を与えれば一意的に親の年収が決まるわけではない．

　あくまでも近似的なのであるが，双方は変化の仕方が比例関係にあるとして，最も合理的な直線の式を考えてみよう．このときに問題となるのは，直線を表す式は直線の傾きが a，直線が y 軸と交わる点の y 座標である y 切片が b のときに $y = ax + b$ と表すことができるが，この a と b をどのように定めれば「最も合理的」といえるか，「合理的」という基準をどのように設定したらよいか，といったことである．

　このような場合には，一般的に，**最小2乗法**という方法を用いる．この方法は，まず，各 x の値に対してデータの値 y が定まるとき，そのデータの点を $A(x, y)$ とし，同じ x の値に対して直線上に点 $B(x, f(x))$ をとり，2 点 A, B の距離の 2 乗の和を最小にするように a と b を定めるというもの

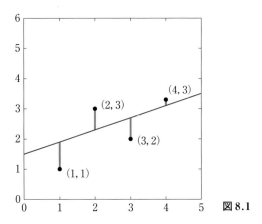

図 8.1

である.

原理をわかりやすくするためにデータの数を少なくし,図 8.1 のように例えば,$(1,1)$,$(2,3)$,$(3,2)$,$(4,3)$ の 4 点(4 つのデータ)があったとする.そして,この 4 点と x の値が同じで直線上の 4 点 $(1,f(1))$,$(2,f(2))$,$(3,f(3))$,$(4,f(4))$ との距離の 2 乗の和を S とすると,

$$S = \{f(1) - 1\}^2 + \{f(2) - 3\}^2 + \{f(3) - 2\}^2 + \{f(4) - 3\}^2$$

となり,直線の式を $y = f(x) = ax + b$ とおき,上の式の値を直線の傾き a と切片 b で表すと,

$$S = (a + b - 1)^2 + (2a + b - 4)^2 + (3a + b - 2)^2 + (4a + b - 3)^2$$
$$= 30a^2 - 54a + 20ab + 4b^2 - 20b + 30$$

のように,S は a と b の 2 変数関数になる.各点と直線との距離の 2 乗の和である S を最小にするには,a で偏微分(b は定数とみなして,S を a だけの関数とみなして a で微分)した値と b で偏微分(a は定数とみなして,S を b だけの関数とみなして b で微分)した値が共に 0 になるような a と b の値を求めればよい.なお,「偏微分」については,本書の姉妹編である拙著「経済・経営のための 数学教室」(裳華房)を参照してほしい.

数学では,偏微分を表す記号として ∂(ラウンド)を用いるので,

$$\begin{cases} \dfrac{\partial S}{\partial a} = 60a + 20b - 54 = 0 \\ \dfrac{\partial S}{\partial b} = 20a + 8b - 20 = 0 \end{cases}$$

8.1 回帰直線の概念と計算方法

となり，この連立方程式を解くと，

$$a = \frac{2}{5} = 0.4, \qquad b = \frac{3}{2} = 1.5$$

が得られ，直線は，$y = 0.4x + 1.5$ となる．この直線を相関図の中に書き入れると図 8.1 のようになり，この直線を**回帰直線**という．

回帰直線を求める一般式は，

傾き： $a = \dfrac{\sigma_{xy}}{\sigma_x^2}$

y 切片： $b = \bar{y} - a\bar{x} = \bar{y} - \dfrac{\sigma_{xy}}{\sigma_x^2} \times \bar{x}$

とした場合の $y = ax + b$ である．ここで σ_x は x の標準偏差，σ_{xy} は x と y の共分散，$\bar{x}$ は x の平均値，$\bar{y}$ は y の平均値であり，一般に回帰直線は

$$y - \bar{y} = \frac{\sigma_{xy}}{\sigma_x^2}(x - \bar{x}) \tag{8.1}$$

と表される．そして，この直線の傾きのことを**回帰係数**とよぶ．

例題 8.1

例題 7.1 の完全失業率と消費者物価指数の関係について，次の問いに答えよ．

(1) 最近 26 年間のデータにより，消費者物価指数を完全失業率で表す回帰直線を求め，その回帰直線を相関図の中に図示せよ．

(2) 最近 20 年間のデータより，消費者物価指数を完全失業率で表す回帰直線を求め，その回帰直線を相関図の中に図示せよ．

［解］ (1) (8.1) より，回帰直線を求めるのに必要な数値を求める．

$$\bar{x} = 4.00385, \qquad \bar{y} = 100.438$$

$$\sigma_{xy} = \sum_{k=1}^{26}(x_k - \bar{x})(y_k - \bar{y}) = 27.9762, \quad \sigma_x^2 = \sum_{k=1}^{26}(x_k - \bar{x})^2 = 31.2896$$

$$\text{直線の傾き} = \frac{\sigma_{xy}}{\sigma_x^2} \fallingdotseq 0.894105$$

したがって，回帰直線の式は

$$y - 100.438 = 0.894105(x - 4.00385)$$

$$\therefore \ y = 0.89x + 96.86$$

となり，相関図の中に求めた回帰直線を加えると図 8.2 のようになる．

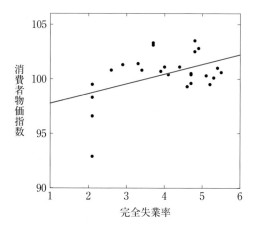

図 8.2

(2) 同様に，(8.1) より，回帰直線を求めるのに必要な数値を求める．
$$\bar{x} = 4.51, \qquad \bar{y} = 101.1$$
$$\sum_{k=1}^{20}(x_k - \bar{x})(y_k - \bar{y}) = -4.78, \quad \sum_{k=1}^{20}(x_k - \bar{x})^2 = 8.478$$
$$\text{直線の傾き} = \frac{\sigma_{xy}}{\sigma_r^2} \fallingdotseq -0.563812$$

したがって，回帰直線の式は
$$y - 101.1 = -0.563812(x - 4.51)$$
$$\therefore \ y = -0.56x + 103.6$$

となり，相関図の中に求めた回帰直線を加えると図 8.3 のようになる．これは，フィリップス曲線を直線とした場合である．

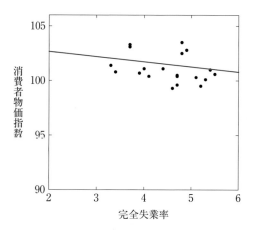

図 8.3

[**問題 8.1.1**] 問題 7.1.1 のデータを元にして，次の問いに答えよ．
(1) 英語の点数を数学の点数で表す回帰直線の式を求めよ．
(2) 英語の点数を数学の点数で表す回帰直線の式を相関図の中に図示せよ．

[**問題 8.1.2**] 問題 7.1.2 で調べた 2 つの統計量の一方を他方で表す，回帰直線の式を求めよ．また，その回帰直線を相関図の中に図示せよ．

8.2 回帰曲線の概念と計算方法

2 つのデータの関係は常に直線的に相関しているとは限らず，図 8.4 のように分布していることもある．

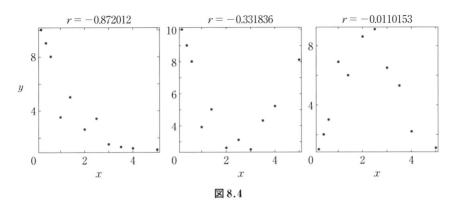

図 8.4

このようなデータに対しては直線の式を当てはめても意味はなく，左から順に，「反比例のグラフ」，「下に凸の放物線」，「上に凸の放物線」で近似した方がよさそうである．

ここでは代表例として，次のデータを，最適な 2 次関数で近似してみよう．

データの番号	x の値	y の値	データの番号	x の値	y の値
1	0.2	1.0	7	2.5	9.1
2	0.4	2.0	8	3.0	6.5
3	0.6	3.0	9	3.5	5.3
4	1.4	6.0	10	4.0	2.2
5	1.0	6.9	11	4.5	1.1
6	2.0	8.6			

上の 3 つの図で右側の図のデータである．

2 次関数を $y = f(x) = ax^2 + bx + c$ とおき，回帰直線と同じ考え方で，データの値と，2 次曲線までの距離の 2 乗の和を最小にすることを考えればよい．

各データの点と曲線（2 次関数）までの距離の 2 乗の和 S は，

$$S = \sum_{k=1}^{11}(y_k - f(x_k))^2$$
$$= 330.77 - 595a + 1172.12a^2 - 220.8b + 573.064ab$$
$$\quad + 76.02b^2 - 103.4c + 152.04ac + 47.2bc + 11c^2$$

(8.2)

となるので，S を a, b, c で偏微分して 0 とおくと，

$$\begin{cases} \dfrac{\partial S}{\partial a} = -595 + 2344.25a + 573.064b + 152.04c = 0 \\ \dfrac{\partial S}{\partial b} = -220.8 + 573.064a + 152.04b + 47.2c = 0 \\ \dfrac{\partial S}{\partial c} = -103.4 + 152.04a + 47.2b + 22c = 0 \end{cases}$$

となる．この連立方程式を解くと，$a = -1.22863 \fallingdotseq -1.23$，$b = 5.95319 \fallingdotseq 5.95$，$c = 0.418642 \fallingdotseq 0.42$ となるので，したがって，求める最適な 2 次関数は

$$y = f(x) = -1.23x^2 + 5.95x + 0.42$$

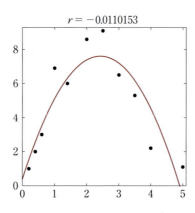

図 8.5

となり，この放物線を**回帰曲線**とよび，図 8.4 の右側の相関図に書き入れると図 8.5 のようになる．

なお，2 次関数で最適な曲線を求める一般公式もあるが，本書では省略する．

[**問題 8.2.1**] 次のような 9 個のデータがある．

データの番号	x の値	y の値	データの番号	x の値	y の値
1	1.0	2.0	6	3.5	0.7
2	1.5	1.8	7	4.0	1.1
3	2.0	1.0	8	4.5	1.0
4	2.5	0.3	9	5.0	2.0
5	3.0	0.1			

(1) このデータを相関図で表せ．
(2) このデータを近似する最適な回帰曲線としての 2 次関数を求めよ．
(3) (2) の放物線を (1) の相関図の中に図示せよ．

[**問題 8.2.2**] 例題 8.1 の最近 20 年間の完全失業率と消費者物価指数のデータを近似する最適な 2 次関数を求めよ．すなわち，フィリップス曲線を 2 次関数として求めよ．

第 8 章のポイント

1. 1 個の個体に 2 つの量 x, y が備わっているとき，y を x の 1 次式（直線）で近似するときの最適な直線が**回帰直線**である．
2. 回帰直線は次のように求められる．

$$y - \bar{y} = \frac{\sigma_{xy}}{\sigma_x^2}(x - \bar{x})$$

$$\sigma_{xy} = \frac{\sum_{k=1}^{n}(x_k - \bar{x})(y_k - \bar{y})}{n}, \quad \sigma_x^2 = \frac{\sum_{k=1}^{n}(x_k - \bar{x})^2}{n}$$

3. データによっては，y を x で近似するのに，直線だけでなく 2 次関数や他の曲線で近似した方がよい場合もある．これらは，**回帰曲線**とばれる．

問題略解

第 1 章

[問題 1.1.1] これは実験なので，ダーツや壁の材質・状態によっても異なり，以下の結果は一例にすぎない．
(1) $\{0.5,\ 0.4,\ 0.7,\ 0.6,\ 0.5,\ 0.9,\ 0.6,\ 0.8,\ 0.7,\ 0.6\}$
(2) $\{0.62,\ 0.55,\ 0.61,\ 0.6,\ 0.67,\ 0.55,\ 0.67,\ 0.63,\ 0.6,\ 0.63\}$
(3) これらの実験結果からわかることは，「投げる回数を増やしていくと，ダーツが壁に刺さらない相対頻度は 10 人ともそれほど違いがなくなり，ほぼ 0.6 に近くなってくる」ということである．

[問題 1.1.2] 例えば，次のようになる．
(1) $\{0.5, 0.5, 0.6, 0.4, 0.3, 0.6, 0.3, 0.4, 0.5, 0.4\}$
(2) $\{0.41, 0.39, 0.4, 0.42, 0.34, 0.41, 0.48, 0.36, 0.37, 0.42\}$
(3) これらの実験結果から，「カードをとる回数を増やしていくと，株価が上がる相対頻度は 10 人ともそれほど違いがなくなり，ほぼ 0.4 に近くなってくる」ということである．

[問題 1.2.1] 10 人の 1000 回の相対頻度の平均をとり，$0.6217 \fallingdotseq 0.62$ とする．

[問題 1.2.2] [問題 1.1.2] の結果から，10 人の 1000 回の平均をとり，$0.4016 \fallingdotseq 0.4$ とする．この値は，ちょうど，5 枚のカードが等確率でとり出されるとしたときの，場合の数の比で計算した $2/5 = 0.4$ とも一致する．

[問題 1.3.1] (1) 事象 A と事象 B は，排反している．
(2) 確率 $P(A \cup B) = P(A) + P(B) = \dfrac{3}{6} + \dfrac{1}{6} = \dfrac{4}{6} = \dfrac{2}{3}$
(3) 事象 A と事象 C は排反していない．
(4) 確率 $P(A \cup C) = P(A) + P(C) - P(A \cap C) = \dfrac{3}{6} + \dfrac{2}{6} - \dfrac{1}{6} = \dfrac{4}{6} = \dfrac{2}{3}$

[問題 1.3.2] 「A 新聞を購読する世帯」を事象 A とし，B 新聞を購読する世帯を事象 B と表すと，$P(A) = 0.6,\ P(B) = 0.4,\ P(A \cap B) = 0.01$ である．このとき，求める確率は，
$$P(A \cup B) = P(A) + P(B) - P(A \cap B) = 0.6 + 0.4 - 0.01 = 0.99$$
となる．

[問題 1.4.1] $P(A) = \dfrac{3}{6},\ P(B) = \dfrac{3}{6} = \dfrac{1}{2},\ P(A \cap B) = \dfrac{2}{6} = \dfrac{1}{3}$
であり，

第 2 章

$$P(\text{A}) \times P(\text{B}) = \frac{3}{6} \times \frac{3}{6} = \frac{1}{2} \times \frac{1}{2} = \frac{1}{4}$$

であるから，$P(\text{A} \cap \text{B}) \neq P(\text{A}) \times P(\text{B})$ となって，事象 A と事象 B は独立ではない．

[問題 1.4.2]　$0.3 = P(\text{B}) \neq P_\text{A}(\text{B}) = 0.35$ なので，事象 A と事象 B は独立ではない．

[問題 1.5.1]　$P(\text{A} \cap \text{B}) = P(\text{A}) \times P_\text{A}(\text{B}) = \frac{3}{6} \times \frac{2}{3} = \frac{1}{3}$

[問題 1.5.2]　$P(\text{A} \cap \text{B}) = P(\text{A}) \times P_\text{A}(\text{B}) = 0.7 \times 0.35 = 0.245$

[問題 1.6.1]　「当たりくじ」を ◯ と表すと，

$$\begin{aligned}
P_\bigcirc(A_1) &= \frac{P(A_1 \cap \bigcirc)}{P(\bigcirc)} \\
&= \frac{P(A_1) \times P_{(A_1)}(\bigcirc)}{P_{A_1}(\bigcirc) + P_{A_2}(\bigcirc) + P_{A_3}(\bigcirc)} \\
&= \frac{P(A_1) \times P_{A_1}(\bigcirc)}{P(A_1) \times P_{A_1}(\bigcirc) + P(A_2) \times P_{A_2}(\bigcirc) + P(A_3) \times P_{A_3}(\bigcirc)} \\
&= \frac{0.5 \times \dfrac{1}{5}}{0.5 \times \dfrac{1}{5} + 0.3 \times \dfrac{2}{5} + 0.2 \times \dfrac{3}{5}} \\
&= \frac{5}{17} \fallingdotseq 0.294
\end{aligned}$$

となる．

[問題 1.6.2]

$$\begin{aligned}
P_\text{A}(\text{J}) &= \frac{P(\text{J} \cap \text{A})}{P(\text{J} \cap \text{A}) + P(\text{K} \cap \text{A}) + P(\text{M} \cap \text{A})} \\
&= \frac{P(\text{J}) \times P_\text{J}(\text{A})}{P(\text{J}) \cdot P_\text{J}(\text{A}) + P(\text{K}) \cdot P_\text{K}(\text{A}) + P(\text{M}) \cdot P_\text{M}(\text{A})} \\
&= \frac{0.5 \times 0.8}{0.5 \times 0.8 + 0.2 \times 0.7 + 0.3 \times 0.4} \\
&\fallingdotseq 0.61
\end{aligned}$$

$$P_\text{A}(\text{K}) = \frac{0.2 \times 0.7}{0.5 \times 0.8 + 0.2 \times 0.7 + 0.3 \times 0.4} \fallingdotseq 0.21$$

$$P_\text{A}(\text{M}) = \frac{0.3 \times 0.4}{0.5 \times 0.8 + 0.2 \times 0.7 + 0.3 \times 0.4} \fallingdotseq 0.18$$

第 2 章

[問題 2.1.1]　この確率分布を表と棒グラフで表すとそれぞれ次のようになる．

確率変数（円）	1000	2000
確　率	0.6	0.4

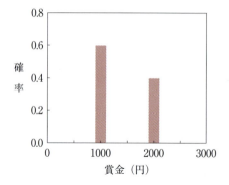

［問題 2.1.2］　この確率分布を表と棒グラフで表すとそれぞれ次のようになる．

賞金(円)	10	200	1000	3000	10000
確　率	0.1	0.3	0.3	0.2	0.1

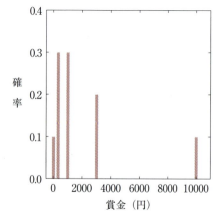

［問題 2.2.1］
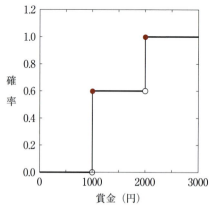

[問題 2.2.2]

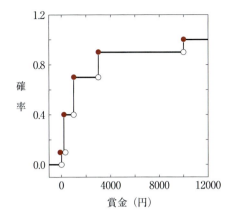

[問題 2.3.1]　$E(X) = 100 \times 0.3 + 200 \times 0.1 + 300 \times 0.6 = 230$

[問題 2.3.2]　$100 \times 0.1 + 200 \times 0.7 + 300 \times 0.2 = 210$(円)

[問題 2.4.1]　$E(X + Y) = E(X) + E(Y) = 30 + 50 = 80$(円)

[問題 2.4.2]　$E(競馬 + 競輪) = E(競馬) + E(競輪) = 400 + 200 = 600$(円)

[問題 2.5.1]　$V(X) = (100 - 230)^2 \times 0.3 + (200 - 230)^2 \times 0.1$
$\qquad\qquad\qquad + (300 - 230)^2 \times 0.6$
$\qquad\quad = 8100$
$\qquad \sigma(X) = \sqrt{V(X)}$
$\qquad\qquad = \sqrt{8100} = 90$

[問題 2.5.2]　$V(X) = (100 - 210)^2 \times 0.1 + (200 - 210)^2 \times 0.7$
$\qquad\qquad\qquad + (300 - 210)^2 \times 0.2$
$\qquad\quad = 2900$
$\qquad \sigma(X) = \sqrt{V(X)}$
$\qquad\qquad = \sqrt{2900} \fallingdotseq 53.85$

[問題 2.6.1]　普通のサイコロを6回投げたとき，⚃ の目が出る回数を表す確率分布（2項分布）の表は次のようになる．

⚃ の目が出る回数	0	1	2	3	4	5	6
確　率	0.335	0.402	0.201	0.054	0.008	0.001	0.000

この棒グラフと折線グラフを描くと次のようになる．

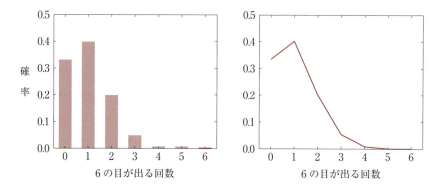

[問題 2.6.2] それぞれの確率は次のようになる。$_4C_0 \times 0.1^0 \cdot 0.9^4 = 0.6561$, $_4C_1 \times 0.1^1 \cdot 0.9^3 = 0.2916$, $_4C_2 \times 0.1^2 \cdot 0.9^2 = 0.0486$, $_4C_3 \times 0.1^3 \cdot 0.9^1 = 0.0036$, $_4C_4 \times 0.1^4 \cdot 0.9^0 = 0.0001$.

この棒グラフと折線グラフを描くと次のようになる。

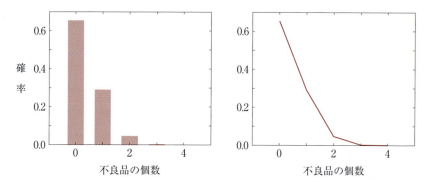

[問題 2.7.1]　期待値 $= E(X) = np = 6 \times \dfrac{1}{6} = 1$

分散 $= V(X) = npq = 6 \times \dfrac{1}{6} \times \dfrac{5}{6} = \dfrac{5}{6} \fallingdotseq 0.83$

標準偏差 $= \sigma(X) = \sqrt{npq} = \sqrt{\dfrac{5}{6}} \fallingdotseq 0.91$

[問題 2.7.2]　期待値 $= E(X) = np = 4 \times 0.1 = 0.4$

分散 $= V(X) = npq = 4 \times 0.1 \times 0.9 = 0.36$

標準偏差 $= \sigma(X) = \sqrt{npq} = \sqrt{0.36} = 0.6$

[問題 2.8.1]

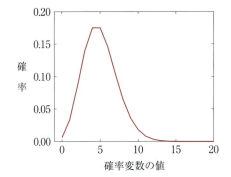

[問題 2.8.2]　(1)　棒グラフと折線グラフは次のようになる．

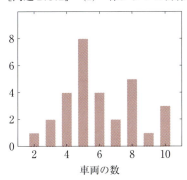
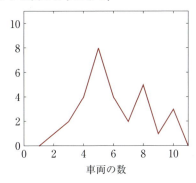

$$m = \frac{2\cdot 1 + 3\cdot 2 + 4\cdot 4 + 5\cdot 8 + 6\cdot 4 + 7\cdot 2 + 8\cdot 5 + 9\cdot 1 + 10\cdot 3}{30} \fallingdotseq 6$$

(2)　折線グラフは次のようになる．

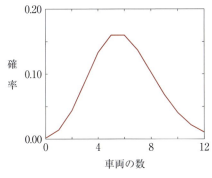

データの数が増えると，ポアソン分布に近くなっていく．

[問題 2.9.1]　(1)　$P(0 \leq Z \leq 1.39) = 0.4177$

(2)　$P(1.42 \leq Z \leq 2.38) = 0.4913 - 0.4221 = 0.0692$

(3)　$P(0.27 \leq Z) = 0.5 - 0.1064 = 0.3936$
(4)　$P(Z \leq -1.67) = 0.5 - 0.4525 = 0.0475$

[問題 2.10.1]　$Z = \dfrac{X-60}{20}$ とおくと，Z は標準正規分布をする．
(1)　$P(60 \leq X \leq 80) = P(0 \leq Z \leq 1) = 0.3413$
(2)　$P(70 \leq X \leq 90) = P(0.5 \leq Z \leq 1.5) = 0.4331 - 0.1914 = 0.2417$
(3)　$P(65 \leq X) = P(0.25 \leq Z) = 0.5 - 0.0987 = 0.4013$
(4)　$P(40 \leq X \leq 75) = P(-1 \leq Z \leq 0.75) = 0.2734 + 0.3413 = 0.6147$

[問題 2.10.2]　$Z = \dfrac{X-50}{8}$ とおくと，Z は標準正規分布をする．
(1)　$P(56 \leq X \leq 60) = P(0.75 \leq Z \leq 1.25) = 0.3943 - 0.2733 = 0.1210$
(2)　$P(60 \leq X \leq 66) = P(1.25 \leq Z \leq 2) = 0.4772 - 0.3943 = 0.0829$
(3)　$P(66 \leq X) = P(2 \leq Z) = 0.5 - 0.4772 = 0.0228$
(4)　$P(46 \leq X \leq 64) = P(-0.5 \leq Z \leq 1.75) = 0.1915 + 0.4599 = 0.6514$

第 3 章

[問題 3.1.1]　(1)

範 囲	度数	範 囲	度数
$45 \leq X < 48$	3	$57 \leq X < 60$	4
$48 \leq X < 51$	4	$60 \leq X < 63$	1
$51 \leq X < 54$	3	$63 \leq X < 66$	1
$54 \leq X < 57$	4		

(2)
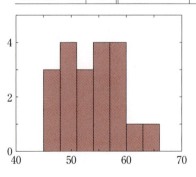

[問題 3.1.2]　(1)

範 囲	度数	範 囲	度数
$99.0 \leq X < 99.6$	3	$102.0 \leq X < 102.6$	0
$99.6 \leq X < 100.2$	4	$102.6 \leq X < 103.2$	2
$100.2 \leq X < 100.8$	5	$103.2 \leq X < 103.8$	7
$100.8 \leq X < 101.4$	3	$103.8 \leq X < 104.4$	1
$101.4 \leq X < 102.0$	0		

(2)

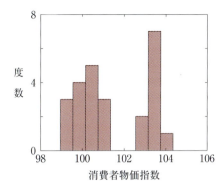

[問題 3.2.1] (1)

$\frac{1}{20}(45 + 46 + 46 + 48 + 48 + 48 + 50 + 51 + 52 + 53 + 54 + 54 + 55 + 56$
$+ 57 + 57 + 58 + 59 + 60 + 63) = 53$

(2) $46.5 \times \frac{3}{20} + 49.5 \times \frac{4}{20} + 52.5 \times \frac{3}{20} + 55.5 \times \frac{4}{20} + 58.5 \times \frac{4}{20}$
$+ 61.5 \times \frac{1}{20} + 64.5 \times \frac{1}{20} = 53.85$

[問題 3.2.2] (1)

$\frac{1}{25}(99.3 + 99.2 + 99.4 + 99.7 + 99.8 + 99.8 + 100.0 + 100.3 + 100.6$
$+ 100.7 + 100.8 + 100.9 + 100.7 + 100.7 + 101.0 + 103.1 + 103.5$
$+ 103.4 + 103.4 + 103.6 + 103.9 + 103.6 + 103.2 + 103.3 + 103.1)$
$= 101.48$

(2) $99.3 \times \frac{3}{25} + 99.9 \times \frac{4}{25} + 100.5 \times \frac{5}{20} + 101.1 \times \frac{3}{25} + 101.7 \times \frac{0}{25}$
$+ 102.3 \times \frac{0}{25} + 102.9 \times \frac{2}{25} + 103.5 \times \frac{7}{25} + 104.1 \times \frac{1}{25} = 101.508$

[問題 3.3.1]

(1) 平均値は 53 であった．n で割る場合を分散 1，標準偏差 1 とすると，

$\text{分散} 1 = \frac{1}{20}\{(45 - 53)^2 + (46 - 53)^2 + (46 - 53)^2 + (48 - 53)^2$
$+ (48 - 53)^2 + (48 - 53)^2 + (50 - 53)^2 + (51 - 53)^2$
$+ (52 - 53)^2 + (53 - 53)^2 + (54 - 53)^2 + (54 - 53)^2$
$+ (55 - 53)^2 + (56 - 53)^2 + (57 - 53)^2 + (57 - 53)^2$
$+ (58 - 53)^2 + (59 - 53)^2 + (60 - 53)^2 + (63 - 53)^2\}$
$= 25.4$

標準偏差 $1 = \sqrt{25.4} = 5.03984\cdots \fallingdotseq 5.04$

$n-1$ で割る場合を分散 2, 標準偏差 2 とすると,

$$\text{分散} 2 = \frac{1}{19}\{(45-53)^2 + (46-53)^2 + (46-53)^2 + (48-53)^2 + (48-53)^2$$
$$+ (48-53)^2 + (50-53)^2 + (51-53)^2 + (52-53)^2$$
$$+ (53-53)^2 + (54-53)^2 + (54-53)^2 + (55-53)^2$$
$$+ (56-53)^2 + (57-53)^2 + (57-53)^2 + (58-53)^2$$
$$+ (59-53)^2 + (60-53)^2 + (63-53)^2\}$$
$$= 26.7368 \fallingdotseq 26.7$$

標準偏差 $2 = \sqrt{26.7368} = 5.17076\cdots \fallingdotseq 5.2$

(2) 平均値は $m_2 = 53.85$ であった. (1) と同様にして,

$$\text{分散} 1 = (46.5-m_2)^2 \times \frac{3}{20} + (49.5-m_2)^2 \times \frac{4}{20} + (52.5-m_2)^2 \times \frac{3}{20}$$
$$+ (55.5-m_2)^2 \times \frac{4}{20} + (58.5-m_2)^2 \times \frac{4}{20}$$
$$+ (61.5-m_2)^2 \times \frac{1}{20} + (64.5-m_2)^2 \times \frac{1}{20}$$
$$= 25.6275 \fallingdotseq 25.6$$

標準偏差 $1 = \sqrt{25.6275} = 5.06236 \fallingdotseq 5.1$

$$\text{分散} 2 = (46.5-m_2)^2 \times \frac{3}{19} + (49.5-m_2)^2 \times \frac{4}{19} + (52.5-m_2)^2 \times \frac{3}{19}$$
$$+ (55.5-m_2)^2 \times \frac{4}{19} + (58.5-m_2)^2 \times \frac{4}{19}$$
$$+ (61.5-m_2)^2 \times \frac{1}{19} + (64.5-m_2)^2 \times \frac{1}{19} = 26.9763$$

標準偏差 $2 = \sqrt{26.9763} = 5.19387\cdots \fallingdotseq 5.2$

［問題 3.3.2］ (1) 平均値は $m_1 = 101.48$ であった. n で割る場合を分散 1,標準偏差 1 とすると,

$$\text{分散} 1 = \frac{1}{25}\{(99.3-m_1)^2 + (99.2-m_1)^2 + (99.4-m_1)^2 + (99.7-m_1)^2$$
$$+ (99.8-m_1)^2 + (99.8-m_1)^2 + (100.0-m_1)^2$$
$$+ (100.3-m_1)^2 + (100.6-m_1)^2 + (100.7-m_1)^2$$
$$+ (100.8-m_1)^2 + (100.9-m_1)^2 + (100.7-m_1)^2$$
$$+ (100.7-m_1)^2 + (101.0-m_1)^2 + (103.1-m_1)^2$$
$$+ (103.5-m_1)^2 + (103.4-m_1)^2 + (103.4-m_1)^2$$
$$+ (103.6-m_1)^2 + (103.9-m_1)^2 + (103.6-m_1)^2$$
$$+ (103.2-m_1)^2 + (103.3-m_1)^2 + (103.1-m_1)^2\}$$

$$= 2.7248 \fallingdotseq 2.72$$
標準偏差 $1 = \sqrt{2.7248} = 1.65069\cdots \fallingdotseq 1.65$

$n-1$ で割る場合を分散 2, 標準偏差 2 とすると，

$$\begin{aligned}
\text{分散}\, 2 = \frac{1}{24}\{&(99.3 - m_1)^2 + (99.2 - m_1)^2 + (99.4 - m_1)^2 + (99.7 - m_1)^2 \\
&+ (99.8 - m_1)^2 + (99.8 - m_1)^2 + (100.0 - m_1)^2 \\
&+ (100.3 - m_1)^2 + (100.6 - m_1)^2 + (100.7 - m_1)^2 \\
&+ (100.8 - m_1)^2 + 100.9 - m_1)^2 + (100.7 - m_1)^2 \\
&+ (100.7 - m_1)^2 + (101.0 - m_1)^2 + (103.1 - m_1)^2 \\
&+ (103.5 - m_1)^2 + (103.4 - m_1)^2 + (103.4 - m_1)^2 \\
&+ (103.6 - m_1)^2 + (103.9 - m_1)^2 + (103.6 - m_1)^2 \\
&+ (103.2 - m_1)^2 + (103.3 - m_1)^2 + (103.1 - m_1)^2\}
\end{aligned}$$

$$= 2.83833 \fallingdotseq 2.84$$
標準偏差 $2 = \sqrt{2.83833} = 1.68473\cdots \fallingdotseq 1.68$

(2) 平均値は $m_2 = 101.508$ であった．(1) と同様にして，

$$\begin{aligned}
\text{分散}\, 1 = \,& (99.3 - m_2)^2 \times \frac{3}{25} + (99.9 - m_2)^2 \times \frac{4}{25} + (100.5 - m_2)^2 \times \frac{5}{20} \\
& + (101.1 - m_2)^2 \times \frac{3}{25} + (101.7 - m_2)^2 \times \frac{0}{25} \\
& + (102.3 - m_2)^2 \times \frac{0}{25} + (102.9 - m_2)^2 \times \frac{2}{25} \\
& + (103.5 - m_2)^2 \times \frac{7}{25} + (104.1 - m_2)^2 \times \frac{1}{25}
\end{aligned}$$

$$= 2.75674 \fallingdotseq 2.76$$
標準偏差 $1 = \sqrt{2.75674} = 1.66034\cdots \fallingdotseq 1.66$

$n-1$ で割る分散 2 と標準偏差 2 は
$$\text{分散}\, 2 = 2.87$$
$$\text{標準偏差}\, 2 = \sqrt{2.87} \fallingdotseq 1.69$$

となる．

[問題 3.4.1] (1) はじめに 30 パーセンタイルの番号を求める．
$$\frac{1 \times 70 + 18 \times 30}{100} = 6.1$$

よって，6.1 番目の値を求めると，6 番目が 48, 7 番目が 50 であるから，
$$48 + (50 - 48) \times 0.1 = 48.2$$

となる．

(2) はじめに 70 パーセンタイルの番号を求める．

$$\frac{1 \times 30 + 18 \times 70}{100} = 12.9$$

よって，12.9番目の値を求めると，12番目が54，13番目が55であるから，
$$54 + (55 - 54) \times 0.9 = 54.9$$
となる．

(3) はじめに90パーセンタイルの番号を求める．
$$\frac{1 \times 10 + 18 \times 90}{100} = 16.3$$

よって，16.3番目の値を求めると，16番目が57，17番目が58であるから，
$$57 + (58 - 57) \times 0.3 = 57.3$$
となる．

[問題 3.4.2] はじめに25個のデータを小さい順に並べて，ソートしておく．
99.2, 99.3, 99.4, 99.7, 99.8, 99.8, 100.0, 100.3, 100.6, 100.7, 100.7, 100.7, 100.8, 100.9, 101.0, 103.1, 103.1, 103.2, 103.3, 103.4, 103.4, 103.5, 103.6, 103.6, 103.9

(1) はじめに40パーセンタイルに相当する順番を求める．
$$\frac{1 \times 60 + 25 \times 40}{100} = 10.6$$

よって，10.6番目の値を求めると，10番目が100.7，11番目も100.7であるから，10.6番目も100.7である．

(2) はじめに85パーセンタイルに相当する順番を求める．
$$\frac{1 \times 15 + 25 \times 85}{100} = 21.4$$

よって，21.4番目の値を求めると，21番目が103.4，22番目は103.5であるから，21.4番目の値は，
$$103.4 + (103.5 - 103.4) \times 0.4 = 103.44$$
となる．

(3) はじめに95パーセンタイルに相当する順番を求める．
$$\frac{1 \times 5 + 25 \times 95}{100} = 23.8$$

よって，23.8番目の値を求めると，23番目が103.6，24番目も103.6であるから，23.8番目の値も103.6となる．

[問題 3.5.1] (1) 第一四分位点，すなわち25パーセンタイルの値は，順番が，
$$\frac{1 \times 75 + 18 \times 25}{100} = 5.25$$
であるので5.25番目の値を求めればよく，5番目の値が48，6番目の値も48なので，5.25番目の値も48となる．これが第一四分位点である．

(2) 第二四分位点,すなわち 50 パーセンタイルの値は,順番が,
$$\frac{1 \times 50 + 18 \times 50}{100} = 9.5$$
であるので 9.5 番目の値を求めればよく,9 番目の値が 52,10 番目の値が 53 であるから,
$$52 + (53 - 52) \times 0.5 = 52.5$$
となる.これが第二四分位点である.

(3) 第三四分位点,すなわち 75 パーセンタイルの値は,順番が,
$$\frac{1 \times 25 + 18 \times 75}{100} = 13.75$$
であるので 13.75 番目の値を求めればよく,13 番目の値が 55,14 番目の値が 56 であるから,
$$55 + (56 - 55) \times 0.75 = 55.75$$
となる.これが第三四分位点である.

[問題 3.5.2] はじめに 25 個のデータを小さい順に並べて,ソートする.
99.2, 99.3, 99.4, 99.7, 99.8, 99.8, 100.0, 100.3, 100.6, 100.7, 100.7, 100.7, 100.8, 100.9, 101.0, 103.1, 103.1, 103.2 , 103.3, 103.4, 103.4, 103.5, 103.6, 103.6, 103.9

(1) 第一四分位点,すなわち 25 パーセンタイルの値は,順番が,
$$\frac{1 \times 75 + 25 \times 25}{100} = 7$$
であるので 7 番目の値を求めればよく,100.0 となる.これが第一四分位点である.

(2) 第二四分位点,すなわち 50 パーセンタイルの値は,順番が,
$$\frac{1 \times 50 + 25 \times 50}{100} = 13$$
であるので 13 番目の値を求めればよく,100.8 となる.これが第二四分位点である.

(3) 第三四分位点,すなわち 75 パーセンタイルの値は,順番が,
$$\frac{1 \times 25 + 25 \times 75}{100} = 19$$
であるので 19 番目の値を求めればよく,103.3 となる.これが第三四分位点である.

[問題 3.6.1] (1) 18 は偶数で,9 番目の値 52 と 10 番目の値 53 の平均値 52.5 が中央値である.

(2) 15 は奇数で,ちょうど真ん中は 8 番目で,8 番目の値 51 が中央値である.

[問題 3.6.2] (1) はじめに 25 個のデータを小さい順に並べて,ソートする.
99.2, 99.3, 99.4, 99.7, 99.8, 99.8, 100.0, 100.3, 100.6, 100.7, 100.7, 100.7, 100.8, 100.9, 101.0, 103.1, 103.1, 103.2, 103.3, 103.4, 103.4, 103.5, 103.6, 103.6, 103.9

25 は奇数で，ちょうど真ん中は，13 番目で，13 番目の値 100.8 が中央値である．
(2) 24 は偶数で，12 番目の値 100.7 と 13 番目の値 100.8 との平均値をとり，100.75 が中央値となる．

［問題 3.7.1］ (1) 例えば，$\{1,1,1,2,2,2,2\}$ の平均値が 1.57 で，中央値が 4 番目の値 2 である．
(2) 例えば，$\{1,1,2,2,6,7,9\}$ の平均値が 4 で，中央値が 4 番目の値 2 である．

［問題 3.8.1］ 箱ひげ図は次のようになる．

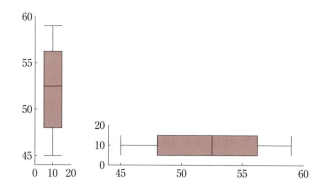

［問題 3.8.2］ 箱ひげ図は次のようになる．

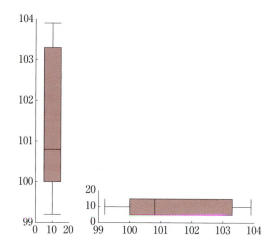

第 4 章

[問題 4.1.1] (1) $m_s = E(\overline{X}) = m = 100$

(2) $v_s = V(\overline{X}_s) = \dfrac{400}{25} = 16$

(3) $\sigma_s = V(\overline{X}_s) = \dfrac{\sigma}{\sqrt{n}} = \dfrac{20}{\sqrt{25}} = 4$

[問題 4.1.2] (1) $m_s = E(\overline{X}_s) = m = 900$

(2) $v_s = V(\overline{X}_s) = \dfrac{v}{n} = \dfrac{2500}{10} = 250$

(3) $\sigma_s = \dfrac{\sigma}{\sqrt{n}} = \dfrac{50}{\sqrt{10}} \fallingdotseq 15.8$

[問題 4.2.1] (1) 付表1の標準正規分布の表から求める.
$P(Z > 1.8) = 0.5 - P(0 < Z < 1.8) = 0.5 - 0.4640 = 0.036$

(2) 付表1の標準正規分布の表から求める.
$$P(0.5 < Z < 1.9) = P(0 < Z < 1.9) - P(0 < Z < 0.5)$$
$$= 0.4712 - 0.1914 = 0.2798$$

(3) $Z > 1.8 \Rightarrow \dfrac{\overline{X}_s - 100}{\dfrac{10}{\sqrt{20}}} > 1.8$

$\Rightarrow (\overline{X}_s - 100) \times 0.45 > 1.8$

$\Rightarrow \overline{X}_s - 100 > 1.8 \times 2.236 = 4.02$

$\Rightarrow \overline{X}_s > 100 + 4.02 = 104.02$

$\Rightarrow P(Z > 1.8) = P(\overline{X}_s > 104.02)$

$0.5 < Z < 1.9 \Rightarrow 0.5 < \dfrac{\overline{X}_s - 100}{\dfrac{10}{\sqrt{20}}} < 1.9$

$\Rightarrow 0.5 \times 2.236 < (\overline{X}_s - 100) < 1.9 \times 2.236$

$\Rightarrow 1.118 < \overline{X}_s - 100 < 4.248$

$\Rightarrow 101.118 < \overline{X}_s < 104.248$

$\Rightarrow P(0.5 < Z < 1.9) = P(101.118 < \overline{X}_s < 104.248)$

[問題 4.2.2] (1) 付表1の標準正規分布の表から求める.
$P(Z < -0.7) = 0.5 - P(0 < Z < 0.7) = 0.5 - 0.258 = 0.242$

(2) 付表1の標準正規分布の表から求める.
$$P(-0.4 < Z < 1.2) = P(0 < Z < 0.4) + P(0 < Z < 1.2)$$
$$= 0.1554 + 0.3849 = 0.5403$$

(3) $\quad Z < -0.7 \Rightarrow \dfrac{\overline{X}_s - 10}{\dfrac{2}{\sqrt{10}}} < -0.7$

$\Rightarrow \dfrac{\overline{X}_s - 10}{0.632} < -0.7$

$\Rightarrow \overline{X}_s - 10 < -0.7 \times 0.632 = -0.443$

$\Rightarrow \overline{X}_s < 10 - 0.443 = 9.557$

$\Rightarrow P(Z < -0.7) = P(\overline{X}_s < 9.557)$

$-0.4 < Z < 1.2 \Rightarrow -0.4 < \dfrac{\overline{X}_s - 10}{\dfrac{2}{\sqrt{10}}} < 1.2$

$\Rightarrow -0.4 \times 0.632 < (\overline{X}_s - 10) < 1.2 \times 0.632$

$\Rightarrow -0.253 < \overline{X}_s - 10 < 0.758$

$\Rightarrow 9.747 < \overline{X}_s < 10.758$

$\Rightarrow P(-0.4 < Z < 1.2) = P(9.747 < \overline{X}_s < 10.758)$

[問題 4.3.1] (1) 母集団の平均値と一致して，111.29 点となる．

(2) $v_s = V(\overline{X}_s) = \dfrac{v}{n} = \dfrac{33.10^2}{100} = 10.956$

(3) $v_s = \dfrac{\sigma}{\sqrt{n}} = \dfrac{33.10}{\sqrt{100}} = 3.31$

[問題 4.3.2] (1) 母集団の平均値と一致するので，50 g である．

(2) $v_s = V(m_{36}) = \dfrac{v}{n} = \dfrac{8^2}{36} \fallingdotseq 1.778$

(3) $\sigma_s = \sigma(m_{36}) = \dfrac{\sigma}{\sqrt{n}} = \dfrac{8}{\sqrt{36}} \fallingdotseq 1.333$

[問題 4.4.1] 標本平均の平均値 ＝ 母集団の平均値 ＝ 50

標本分散の平均値 ＝ $\dfrac{n-1}{n} v = \dfrac{9}{10} \times 50 = 45$，不偏分散の平均値 ＝ $v = 50$

[問題 4.4.2] (1) 標本平均と母集団の平均値は同じなので，17 g となる．

(2) 標本分散の平均値は，$\dfrac{n-1}{n} \times v = \dfrac{7}{8} \times 0.5^2 = 0.219$ となる．

(3) 標本の不偏分散の平均値は元の分散と等しく，$0.5^2 = 0.25$ である．

第 5 章

[問題 5.1.1] (1) $\quad \overline{X}_s - \dfrac{\sigma}{\sqrt{n}} < m < \overline{X}_s + \dfrac{\sigma}{\sqrt{n}}$

に，$\overline{X}_s = 50.3$，$\sigma = 7.5$，$n = 50$ を代入すると

第 5 章

$$50.3 - \frac{7.5}{\sqrt{50}} < m < 50.3 + \frac{7.5}{\sqrt{50}}$$

となり，これを計算して次のようになる．

$$49.2 < m < 51.4$$

(2) $$\overline{X}_s - 1.96 \times \frac{\sigma}{\sqrt{n}} < m < \overline{X}_s + 1.96 \times \frac{\sigma}{\sqrt{n}}$$

に，$\overline{X}_s = 50.3$, $\sigma = 7.5$, $n = 50$ を代入すると

$$50.3 - 1.96 \times \frac{7.5}{\sqrt{50}} < m < 50.3 + 1.96 \times \frac{7.5}{\sqrt{50}}$$

となり，これを計算して次のようになる．

$$48.2 < m < 52.4$$

(3) $$\overline{X}_s - 3 \times \frac{\sigma}{\sqrt{n}} < m < \overline{X}_s + 3 \times \frac{\sigma}{\sqrt{n}}$$

に，$\overline{X}_s = 50.3$, $\sigma = 7.5$, $n = 50$ を代入すると

$$50.3 - 3 \times \frac{7.5}{\sqrt{50}} < m < 50.3 + 3 \times \frac{7.5}{\sqrt{50}}$$

となり，これを計算して次のようになる．

$$47.1 < m < 53.5$$

[問題 5.1.2] (1) $$\overline{X}_s - \frac{\sigma}{\sqrt{n}} < m < \overline{X}_s + \frac{\sigma}{\sqrt{n}}$$

に，$\overline{X}_s = 69.3$, $\sigma = 6.5$, $n = 100$ を代入すると

$$69.3 - \frac{6.5}{\sqrt{100}} < m < 69.3 + \frac{6.5}{\sqrt{100}}$$

となり，これを計算して次のようになる．

$$68.65 < m < 69.95$$

(2) $$\overline{X}_s - 1.96 \times \frac{\sigma}{\sqrt{n}} < m < \overline{X}_s + 1.96 \times \frac{\sigma}{\sqrt{n}}$$

に，$\overline{X}_s = 69.3$, $\sigma = 6.5$, $n = 100$ を代入すると

$$69.3 - 1.96 \times \frac{6.5}{\sqrt{100}} < m < 69.3 + 1.96 \times \frac{6.5}{\sqrt{100}}$$

となり，これを計算して次のようになる．

$$68.03 < m < 70.57$$

(3) $$\overline{X}_s - 3 \times \frac{\sigma}{\sqrt{n}} < m < \overline{X}_s + 3 \times \frac{\sigma}{\sqrt{n}}$$

に，$\overline{X}_s = 69.3$, $\sigma = 6.5$, $n = 100$ を代入すると

$$69.3 - 3 \times \frac{6.5}{\sqrt{100}} < m < 69.3 + 3 \times \frac{6.5}{\sqrt{100}}$$

となり，これを計算して次のようになる．
$$67.35 < m < 71.25$$

［問題 5.2.1］ 母集団の標準偏差・分散が未知であるから，区間推定には t 分布を使う．

(1) 標本の数が 30 であるから，自由度は $30 - 1 = 29$ である．自由度 29 で，両側を除いた範囲の確率が 0.9 に当たる t_0 の値を付表 2 の t 分布表から探すと，$t_0 = 1.699$ がみつかる．

推定区間は
$$m_0 - t_0 \times \frac{s'}{\sqrt{n}} < m < m_0 + t_0 \times \frac{s'}{\sqrt{n}}$$
に，$m_0 = 25$, $s' = \sqrt{20.4} = 4.52$, $n = 30$, $t_0 = 1.699$ を代入して次のようになる．
$$25 - 1.699 \times \frac{4.52}{\sqrt{30}} < m < 25 + 1.699 \times \frac{4.52}{\sqrt{30}}$$
$$\therefore \quad 23.6 < m < 26.4$$

(2) 自由度 29 で，両側を除いた範囲の確率が 0.95 に当たる t_0 の値を付表 2 の t 分布表から探すと，$t_0 = 2.045$ がみつかる．

推定区間は
$$m_0 - t_0 \times \frac{s'}{\sqrt{n}} < m < m_0 + t_0 \times \frac{s'}{\sqrt{n}}$$
に，$m_0 = 25$, $s' = \sqrt{20.4} = 4.52$, $n = 30$, $t_0 = 2.046$ を代入して次のようになる．
$$25 - 2.045 \times \frac{4.52}{\sqrt{30}} < m < 25 + 2.045 \times \frac{4.52}{\sqrt{30}}$$
$$\therefore \quad 23.3 < m < 26.7$$

(3) 標本の数が 30 であるから，自由度は $30 - 1 = 29$ である．自由度 29 で，両側を除いた範囲の確率が 0.99 に当たる t_0 の値を付表 2 の t 分布表から探すと，$t_0 = 2.756$ がみつかる．

推定区間は
$$m_0 - t_0 \times \frac{s'}{\sqrt{n}} < m < m_0 + t_0 \times \frac{s'}{\sqrt{n}}$$
に，$m_0 = 25$, $s' = \sqrt{20.4} = 4.52$, $n = 30$, $t_0 = 2.756$ を代入すると次のようになる．
$$25 - 2.756 \times \frac{4.52}{\sqrt{30}} < m < 25 + 2.756 \times \frac{4.52}{\sqrt{30}}$$
$$\therefore \quad 22.7 < m < 27.3$$

［問題 5.2.2］ 母集団の標準偏差・分散が未知であるから，区間推定には t 分布を使う．

(1) 標本の数が 20 であるから，自由度は $20 - 1 = 19$ である．自由度 19 で，

両側を除いた範囲の確率が 0.9 に当たる t_0 の値を付表 2 の t 分布表から探すと,$t_0 = 1.729$ がみつかる.

推定区間は
$$m_0 - t_0 \times \frac{s'}{\sqrt{n}} < m < m_0 + t_0 \times \frac{s'}{\sqrt{n}}$$
に,$m_0 = 3.6$, $s' = \sqrt{8.4}$, $n = 20$, $t_0 = 1.729$ を代入と次のようになる.
$$3.6 - 1.729 \times \frac{\sqrt{8.4}}{\sqrt{20}} < m < 3.6 + 1.729 \times \frac{\sqrt{8.4}}{\sqrt{20}}$$
$$\therefore \quad 2.48 < m < 4.72$$

(2) 自由度 19 で,両側を除いた範囲の確率が 0.95 に当たる t_0 の値を付表 2 の t 分布表から探すと,$t_0 = 2.093$ がみつかる.

推定区間は
$$m_0 - t_0 \times \frac{s'}{\sqrt{n}} < m < m_0 + t_0 \times \frac{s'}{\sqrt{n}}$$
に,$m_0 = 3.6$, $s' = \sqrt{8.4}$, $n = 20$, $t_0 = 2.093$ を代入すると次のようになる.
$$3.6 - 2.093 \times \frac{\sqrt{8.4}}{\sqrt{20}} < m < 3.6 + 2.093 \times \frac{\sqrt{8.4}}{\sqrt{20}}$$
$$\therefore \quad 2.24 < m < 4.96$$

(3) 自由度 19 で,両側を除いた範囲の確率が 0.99 に当たる t_0 の値を付表 2 の t 分布表から探すと,$t_0 = 2.861$ がみつかる.

推定区間は
$$m_0 - t_0 \times \frac{s'}{\sqrt{n}} < m < m_0 + t_0 \times \frac{s'}{\sqrt{n}}$$
に,$m_0 = 3.6$, $s' = \sqrt{8.4}$, $n = 20$, $t_0 = 2.861$ を代入すると次のようになる.
$$3.6 - 2.861 \times \frac{\sqrt{8.4}}{\sqrt{20}} < m < 3.6 + 2.861 \times \frac{\sqrt{8.4}}{\sqrt{20}}$$
$$\therefore \quad 1.75 < m < 5.45$$

[問題 5.3.1] 付表 3 の χ^2 分布の表を活用する.

(1) $\alpha = 0.9$ から,右側の部分で $\frac{1 - 0.9}{2} = 0.05$ の部分を自由度 22 の部分から読みとり,33.92 が得られる.左側の部分は $1 - 0.05 = 0.95$ の部分を読みとり,12.34 が得られる.
$$\frac{(n-1)s^2}{ma} < \sigma^2 < \frac{(n-1)s^2}{mi}$$
に,$mi = 12.34$, $ma = 33.92$, $s^2 = 1.6$ を代入すると
$$\frac{22 \times 1.6}{33.92} < \sigma^2 < \frac{22 \times 1.6}{12.34}$$
となり,推定区間は次のようになる.

$$1.04 < \sigma^2 < 2.85$$

(2) $\alpha = 0.95$ から, 右側の部分で $\dfrac{1 - 0.95}{2} = 0.025$ の部分を自由度 22 の部分から読みとり, 36.78 が得られる. 左側の部分は $1 - 0.025 = 0.975$ の部分を読みとり, 10.98 が得られる.

$$\frac{(n-1)s^2}{ma} < \sigma^2 < \frac{(n-1)s^2}{mi}$$

に, $mi = 10.98$, $ma = 36.78$, $s^2 = 1.6$ を代入すると

$$\frac{22 \times 1.6}{36.78} < \sigma^2 < \frac{22 \times 1.6}{10.98}$$

となり, 推定区間は次のようになる.

$$0.96 < \sigma^2 < 3.21$$

(3) $\alpha = 0.99$ から, 右側の部分で $\dfrac{1 - 0.99}{2} = 0.005$ の部分を自由度 22 の部分から読みとり, 42.80 が得られる. 左側の部分は $1 - 0.005 = 0.995$ の部分を読みとり, 8.643 が得られる.

$$\frac{(n-1)s'}{ma} < \sigma^2 < \frac{(n-1)s'}{mi}$$

に, $mi = 8.643$, $ma = 42.8$, $s' = 1.6$ を代入すると

$$\frac{22 \times 1.6}{42.8} < \sigma^2 < \frac{22 \times 1.6}{8.643}$$

となり, 推定区間は次のようになる.

$$0.82 < \sigma^2 < 4.07$$

[問題 5.4.1] 区間推定のための不等式は次のようになる.

$$-1.96 \times \sqrt{\frac{p'(1-p')}{n}} < p' - p < 1.96 \times \sqrt{\frac{p'(1-p')}{n}}$$

$$p' - 1.96 \times \sqrt{\frac{p'(1-p')}{n}} < p < p' + 1.96 \times \sqrt{\frac{p'(1-p')}{n}}$$

この不等式に $n = 50$, $p' = 0.9$ を代入すると

$$0.9 - 1.96 \times \sqrt{\frac{0.9 \times 0.1}{50}} < p < 0.9 + 1.96 \times \sqrt{\frac{0.9 \times 0.1}{50}}$$

となり,

$$0.817 < p < 0.983, \quad \therefore \quad 約 82\% < p < 98\%$$

が得られる.

[問題 5.4.2] 区間推定のための不等式は次のようになる.

$$-1 \times \sqrt{\frac{p'(1-p')}{n}} < p' - p < 1 \times \sqrt{\frac{p'(1-p')}{n}}$$

$$p' - 1 \times \sqrt{\frac{p'(1-p')}{n}} < p < p' + 1 \times \sqrt{\frac{p'(1-p')}{n}}$$

この不等式に $n = 200$, $p' = 0.67$ を代入すると

となり,
$$0.67 - 1 \times \sqrt{\frac{0.67 \times 0.33}{200}} < p < 0.67 + 1 \times \sqrt{\frac{0.67 \times 0.33}{200}}$$

$$0.637 < p < 0.703, \quad \therefore \ 約 64\% < p < 70\%$$

が得られる.

第 6 章

[問題 6.1.1] 危険率 1% のとき,標準正規分布する Z の範囲は付表 1 の標準正規分布表から次のようになっている.
$$P(-2.58 < Z < 2.58) = 0.99$$
この不等式を標本平均 $\overline{X}_s$ で表すと
$$-2.58 \times \frac{\sigma}{\sqrt{n}} < \overline{X}_s - 78.4 < 2.58 \times \frac{\sigma}{\sqrt{n}}$$
$$78.4 - 2.58 \times \frac{7.6}{\sqrt{50}} < \overline{X}_s < 78.4 + 2.58 \times \frac{7.6}{\sqrt{50}}$$
$$\therefore \ 75.6 < \overline{X}_s < 81.2$$

となる.

いま調べた標本の平均値 74 は,この範囲の外側にある.したがって,「平均点は変わらず 78.4 点であるという帰無仮説」は棄却され,新入生の英語の学力には変化があったと考えられる.

[問題 6.1.2] 危険率 5% のとき,標準正規分布する Z の範囲は付表 1 の標準正規分布表から次のようになっている.
$$P(-1.96 < Z < 1.96) = 0.95$$
この不等式を標本平均 $\overline{X}_s$ で表すと
$$-1.96 \times \frac{\sigma}{\sqrt{n}} < \overline{X}_s - 760 < 1.96 \times \frac{\sigma}{\sqrt{n}}$$
$$760 - 1.96 \times \frac{120}{\sqrt{30}} < \overline{X}_s < 760 + 1.96 \times \frac{120}{\sqrt{30}}$$
$$\therefore \ 717 < \overline{X}_s < 803$$

となる.

いま調べた標本の平均値 700 は,この範囲の外側にある.したがって,「平均値は変わらず 760 であるという帰無仮説」は棄却され,新入生の親の年収には変化があったと考えられる.

[問題 6.2.1] 危険率 10% のとき,自由度 $n - 1 = 31 - 1 = 30$ の t 分布する T の範囲は付表 2 の t 分布表から次のようになっている.
$$P(-1.697 < T < 1.697) = 0.9$$

この不等式を標本平均 $\overline{X}_s$ で表すと

$$-1.697 \times \frac{s'}{\sqrt{n}} < \overline{X}_s - 78.4 < 1.697 \times \frac{s'}{\sqrt{n}}$$

$$78.4 - 1.697 \times \frac{13.7}{\sqrt{31}} < \overline{X}_s < 78.4 + 1.697 \times \frac{13.7}{\sqrt{31}}$$

$$\therefore\ 74.2 < \overline{X}_s < 82.6$$

となる．

サンプル 31 人の平均点 74 は，この範囲にないので帰無仮説は棄却され，英語の学力は 10 年前と比べて変化があったといえる．

［問題 6.2.2］ 危険率 5%のとき，自由度 $n - 1 = 31 - 1 = 30$ の t 分布する T の範囲は付表 2 の t 分布表から次のようになっている．

$$P(-2.042 < T < 2.042) = 0.95$$

この不等式を標本平均 $\overline{X}_s$ で表すと

$$-2.042 \times \frac{s'}{\sqrt{n}} < \overline{X}_s - 760 < 2.042 \times \frac{s'}{\sqrt{n}}$$

$$760 - 2.042 \times \frac{120}{\sqrt{31}} < \overline{X}_s < 760 + 2.042 \times \frac{120}{\sqrt{31}}$$

$$\therefore\ 716 < \overline{X}_s < 804$$

となる．

サンプル 31 人の平均年収 700 は，この範囲にないので帰無仮説は棄却され，親の年収は 10 年前と比べて変化があったといえる．

［問題 6.3.1］ 母集団での比率が $p = 0.587$ であるとき，標本数 200 の標本についての調査で割合が変化したかどうかを検定する．危険率が 10%なので，標準正規分布 Z での 90%入る範囲は，表から次のようになる．

$$P(-1.65 < Z < 1.65) = 0.9$$

この不等式を標本の割合 p' で表すと

$$-1.65 < \frac{p' - p}{\sqrt{\dfrac{p(1-p)}{100}}} < 1.65$$

$$\therefore\ p - 1.65 \times \sqrt{\frac{p(1-p)}{100}} < p' < p + 1.65 \times \sqrt{\frac{p(1-p)}{100}}$$

となり，この不等式に $p = 0.587$，$n = 200$ を代入して計算すると

$$0.587 - 1.65 \times \sqrt{\frac{0.587 \cdot (1 - 0.587)}{200}} < p' < 0.587 + 1.65 \times \sqrt{\frac{0.587 \cdot (1 - 0.587)}{200}}$$

$$\therefore\ 0.530 < p' < 0.644$$

となる．

59.4%（= 0.594）は，この範囲内である．よって，危険率 10%で，女性教員の割合が変化したとはいい切れない．

[問題 6.3.2] 母集団での比率が $p = 0.048$ であるとき,標本数 80 の標本についての調査から割合が変化したかどうかを検定する.危険率が 5% なので,標準正規分布 Z での 95% 入る範囲は,付表 1 から次のようになる.

$$P(-1.96 < Z < 1.96) = 0.95$$

この不等式を標本の割合 p' で表すと

$$-1.96 < \frac{p' - p}{\sqrt{\frac{p(1-p)}{80}}} < 1.96$$

$$\therefore \quad p - 1.96 \times \sqrt{\frac{p(1-p)}{n}} < p' < p + 1.96 \times \sqrt{\frac{p(1-p)}{n}}$$

となり,この不等式に $p = 0.048$, $n = 80$ を代入して計算すると

$$0.048 - 1.96 \times \sqrt{\frac{0.048 \cdot (1 - 0.048)}{80}} < p' < 0.048 + 1.96 \times \sqrt{\frac{0.048 \cdot (1 - 0.048)}{80}}$$

$$\therefore \quad 0.0012 < p' < 0.0948$$

となる.

2.8% (= 0.028) は,この範囲内である.よって,危険率 5% で,滞納者の割合が変化したとはいい切れない.

第 7 章

[問題 7.1.1] (1) 相関図は次のようになる.

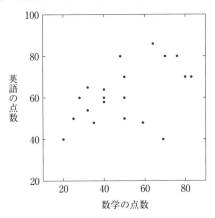

(2) 相関係数の算出に必要な数値を求めていく.数学のデータを $x = \{50, 48, 32, \cdots, 40\}$,英語のデータを $y = \{60, 80, \cdots, 58\}$ とすると,

$$\bar{x} = 49.55, \quad \bar{y} = 61.65$$

$$\sum_{k=1}^{20} (x_k - \bar{x})(y_k - \bar{y}) = 2428.85$$

$$\sqrt{\sum_{k=1}^{20}(x_k-\overline{x})^2}=82.9756, \qquad \sqrt{\sum_{k=1}^{20}(y_k-\overline{y})^2}=59.0809$$

より,

$$r=\frac{\sum_{k=1}^{20}(x_k-\overline{x})(y_k-\overline{y})}{\sqrt{\sum_{k=1}^{20}(x_k-\overline{x})^2}\times\sqrt{\sum_{k=1}^{20}(y_k-\overline{y})^2}}=\frac{2428.85}{82.9756\times 59.0809}$$

$$=0.495454\cdots\fallingdotseq 0.495$$

となる.

(3) 数学の点数が高いと英語の点数が高い傾向が少しみえるが,それほど大きな相関があるわけではない.

[問題 7.1.2] (1) 次のような表が得られる.

西暦年	1人当たり 名目 GDP	総人口	西暦年	1人当たり 名目 GDP	総人口
1995/1	4021	125498	2005/1	3955	127761
1996/1	4102	125778	2006/1	3981	127876
1997/1	4134	126102	2007/1	4008	128002
1998/1	4041	126421	2008/1	3823	128053
1999/1	4000	126652	2009/1	3702	128031
2000/1	4026	126889	2010/1	3751	128030
2001/1	3944	127210	2011/1	3710	127742
2002/1	3908	127447	2012/1	3721	127496
2003/1	3931	127683	2013/1	3796	127280
2004/1	3935	127754			

(2) (1) の表より,相関図は次のようになる.

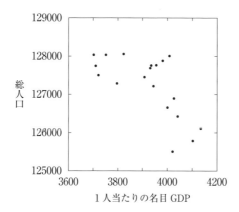

(3) 相関係数の算出に必要な数値を求めていく．1人当たりの名目 GDP のデータを $x = \{4021, 4102, \cdots, 3796\}$, 総人口のデータを $y = \{125498, 125778, \cdots, 127280\}$ とすると
$$\bar{x} = 3920.47, \qquad \bar{y} = 127248$$
となり，
$$a = \sum_{k=1}^{20}(x_k - \bar{x})(y_k - \bar{y}) = -1281640$$
$$b = \sqrt{\sum_{k=1}^{20}(x_k - \bar{x})^2} = 565.439, \qquad c = \sqrt{\sum_{k=1}^{20}(y_k - \bar{y})^2} = 3405.34$$
とおくと，相関係数は
$$r = \frac{\sum_{k=1}^{20}(x_k - \bar{x})(y_k - \bar{y})}{\sqrt{\sum_{k=1}^{20}(x_k - \bar{x})^2} \times \sqrt{\sum_{k=1}^{20}(y_k - \bar{y})^2}}$$
$$= \frac{a}{bc}$$
$$= -0.665611 \fallingdotseq -0.666$$
となる．
(4) 1人当たりの名目 GDP が高いと，総人口が少ない傾向がみられる．すなわち，少し負の相関がみられる．

第 8 章

[問題 8.1.1] (1) 回帰直線を求めるために必要な数値を求めると
$$\bar{x} = 49.55, \qquad \bar{y} = 61.65$$
$$\sum_{k=1}^{20}(x_k - \bar{x})(y_k - \bar{y}) = 2428.85, \qquad \sum_{k=1}^{20}(x_k - \bar{x})^2 = 6884.95$$
$$\text{直線の傾き} = \frac{\sigma_{xy}}{\sigma_x^2} = \frac{2428.85}{6884.95} = 0.352777\cdots \fallingdotseq 0.35$$
となるので，直線の式は
$$y - 61.65 = 0.352777(x - 49.55)$$
となり，簡単にして，
$$y = 0.35x + 44.2$$
となる．
(2) 相関図の中に回帰直線を加えると次のようになる．

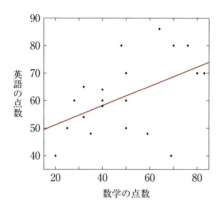

[問題 8.1.2] 回帰直線を求めるのに必要な数値を求めると
$$\overline{x} = 3920.47, \quad \overline{y} = 127248$$
$$\sum_{k=1}^{19}(x_k - \overline{x})(y_k - \overline{y}) = -1281640, \quad \sum_{k=1}^{20}(x_k - \overline{x})^2 = 319721$$
$$\text{直線の傾き} = \frac{\sigma_{xy}}{\sigma_x^2} = \frac{-1281640}{319721} = -4.00862\cdots \fallingdotseq -4.0$$

となるので，直線の式は
$$y - 127248 = -4.00862(x - 3920.47)$$
となり，簡単にして，
$$y = -4.0x + 142964$$
となる．

相関図の中に回帰直線を加えると次のようになる．

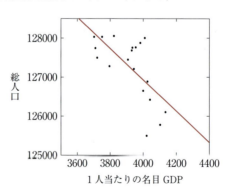

[問題 8.2.1] (1) 相関図は次のようになる．

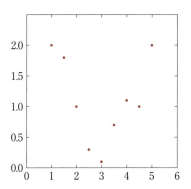

(2) 2次関数 $y = f(x) = ax^2 + bx + c$ で近似する. 回帰直線と同じ考え方で, データの値と曲線までの距離の2乗の和を最小にすればよい.

$$S = \sum_{k=1}^{11} \{y_k - f(x_k)\}^2$$
$$= 15.04 - 218.5a + 1583.25a^2 - 58.2b + 756ab + 96b^2 - 20c + 192ac + 54bc + 9c^2$$

a, b, c で偏微分して0とおくと,

$$\begin{cases} \dfrac{\partial S}{\partial a} = -218.5 + 3166.5a + 756b + 192c = 0 \\ \dfrac{\partial S}{\partial b} = -58.2 + 756a + 192b + 54c = 0 \\ \dfrac{\partial S}{\partial c} = -20 + 192a + 54b + 18c = 0 \end{cases}$$

となる. この連立方程式を解くと, $a = 0.414719 ≒ 0.41$, $b = -2.54831 ≒ -2.55$, $c = 4.33238 ≒ 4.33$ となるので, 最適な2次関数は次のように定まる.

$$y = f(x) = 0.41x^2 - 2.55x + 4.33$$

(3) この放物線を散布図に付け足すと次のようになる.

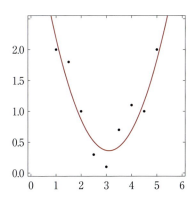

[問題 8.2.2] 2次関数 $y = f(x) = ax^2 + bx + c$ で近似する．回帰直線と同じ考えで，データの値と曲線までの距離の2乗の和を最小にすればよい．

$$S = \sum_{k=1}^{11} \{y_k - f(x_k)\}^2$$
$$= 204455 - 83885a + 9283.7a^2 - 18228.9b + 3895.17ab + 415.28b^2$$
$$\quad - 4044c + 830.56ac + 180.4bc + 20c^2$$

a, b, c で偏微分して 0 とおくと，

$$\begin{cases} \dfrac{\partial S}{\partial a} = -83885 + 18567.4a + 3895.17b + 830.56c = 0 \\ \dfrac{\partial S}{\partial b} = -18228.9 + 3895.17a + 830.56b + 180.4c = 0 \\ \dfrac{\partial S}{\partial c} = -4044 + 830.56a + 180.4b + 40c = 0 \end{cases}$$

となる．この連立方程式を解くと，$a = -0.0942072 \fallingdotseq -0.094$，$b = 0.267122 \fallingdotseq 0.267$，$c = 101.851 \fallingdotseq 101.85$ となるので，最適な2次関数は次のように定まる．

$$y = f(x) = -0.094x^2 + 0.267x + 101.85$$

この放物線を相関図に付け足すと次のようになる．

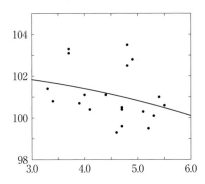

付　表

付表 1 標準正規分布表（小数点第 5 位を切り捨てた値）

t \ 0.01刻み	0.0	0.01	0.02	0.03	0.04	0.05	0.06	0.07	0.08	0.09
0.0	0.0000	0.0039	0.0079	0.0119	0.0159	0.0199	0.0239	0.0279	0.0318	0.0358
0.1	0.0398	0.0437	0.0477	0.0517	0.0556	0.0596	0.0635	0.0674	0.0714	0.0753
0.2	0.0792	0.0831	0.0870	0.0909	0.0948	0.0987	0.1025	0.1064	0.1102	0.1140
0.3	0.1179	0.1217	0.1255	0.1293	0.1330	0.1368	0.1405	0.1443	0.1480	0.1517
0.4	0.1554	0.1590	0.1627	0.1664	0.1700	0.1736	0.1772	0.1808	0.1843	0.1879
0.5	0.1914	0.1949	0.1984	0.2019	0.2054	0.2088	0.2122	0.2156	0.2190	0.2224
0.6	0.2257	0.2290	0.2323	0.2356	0.2389	0.2421	0.2453	0.2485	0.2517	0.2549
0.7	0.2580	0.2611	0.2642	0.2673	0.2703	0.2733	0.2763	0.2793	0.2823	0.2852
0.8	0.2881	0.2910	0.2938	0.2967	0.2995	0.3023	0.3051	0.3078	0.3105	0.3132
0.9	0.3159	0.3185	0.3212	0.3238	0.3263	0.3289	0.3314	0.3339	0.3364	0.3389
1.0	0.3413	0.3437	0.3461	0.3484	0.3508	0.3531	0.3554	0.3576	0.3599	0.3621
1.1	0.3643	0.3665	0.3686	0.3707	0.3728	0.3749	0.3769	0.3789	0.3809	0.3829
1.2	0.3849	0.3868	0.3887	0.3906	0.3925	0.3943	0.3961	0.3979	0.3997	0.4014
1.3	0.4031	0.4049	0.4065	0.4082	0.4098	0.4114	0.4130	0.4146	0.4162	0.4177
1.4	0.4192	0.4207	0.4221	0.4236	0.4250	0.4264	0.4278	0.4292	0.4305	0.4318
1.5	0.4331	0.4344	0.4357	0.4369	0.4382	0.4394	0.4406	0.4417	0.4429	0.4440
1.6	0.4452	0.4463	0.4473	0.4484	0.4494	0.4505	0.4515	0.4525	0.4535	0.4544
1.7	0.4554	0.4563	0.4572	0.4581	0.4590	0.4599	0.4607	0.4616	0.4624	0.4632
1.8	0.4640	0.4648	0.4656	0.4663	0.4671	0.4678	0.4685	0.4692	0.4699	0.4706
1.9	0.4712	0.4719	0.4725	0.4731	0.4738	0.4744	0.4750	0.4755	0.4761	0.4767
2.0	0.4772	0.4777	0.4783	0.4788	0.4793	0.4798	0.4803	0.4807	0.4812	0.4816
2.1	0.4821	0.4825	0.4829	0.4834	0.4838	0.4842	0.4846	0.4849	0.4853	0.4857
2.2	0.4860	0.4864	0.4867	0.4871	0.4874	0.4877	0.4880	0.4883	0.4886	0.4889
2.3	0.4892	0.4895	0.4898	0.4900	0.4903	0.4906	0.4908	0.4911	0.4913	0.4915
2.4	0.4918	0.4920	0.4922	0.4924	0.4926	0.4928	0.4930	0.4932	0.4934	0.4936
2.5	0.4937	0.4939	0.4941	0.4942	0.4944	0.4946	0.4947	0.4949	0.4950	0.4952
2.6	0.4953	0.4954	0.4956	0.4957	0.4958	0.4959	0.4960	0.4962	0.4963	0.4964
2.7	0.4965	0.4966	0.4967	0.4968	0.4969	0.4970	0.4971	0.4971	0.4972	0.4973
2.8	0.4974	0.4975	0.4975	0.4976	0.4977	0.4978	0.4978	0.4979	0.4980	0.4980
2.9	0.4981	0.4981	0.4982	0.4983	0.4983	0.4984	0.4984	0.4985	0.4985	0.4986
3.0	0.4986	0.4986	0.4987	0.4987	0.4988	0.4988	0.4988	0.4989	0.4989	0.4989
3.1	0.4990	0.4990	0.4990	0.4991	0.4991	0.4991	0.4992	0.4992	0.4992	0.4992

付表2 自由度 $n-1$ の t 分布の数表

自由度 $n-1$	$\alpha=0.1$	$\alpha=0.05$	$\alpha=0.02$	$\alpha=0.01$
1	6.314	12.706	31.821	63.656
2	2.920	4.303	6.965	9.925
3	2.353	3.182	4.541	5.841
4	2.132	2.776	3.747	4.604
5	2.015	2.571	3.365	4.032
6	1.943	2.447	3.143	3.707
7	1.895	2.365	2.998	3.499
8	1.860	2.306	2.896	3.355
9	1.833	2.262	2.821	3.250
10	1.812	2.228	2.764	3.169
11	1.796	2.201	2.718	3.106
12	1.782	2.179	2.681	3.055
13	1.771	2.160	2.650	3.012
14	1.761	2.145	2.624	2.977
15	1.753	2.131	2.602	2.947
16	1.746	2.120	2.583	2.921
17	1.740	2.110	2.567	2.898
18	1.734	2.101	2.552	2.878
19	1.729	2.093	2.539	2.861
20	1.725	2.086	2.528	2.845
21	1.721	2.080	2.518	2.831
22	1.717	2.074	2.508	2.819
23	1.714	2.069	2.500	2.807
24	1.711	2.064	2.492	2.797
25	1.708	2.060	2.485	2.787
26	1.706	2.056	2.479	2.779
27	1.703	2.052	2.473	2.771
28	1.701	2.048	2.467	2.763
29	1.699	2.045	2.462	2.756
30	1.697	2.042	2.457	2.750

付表3 χ^2分布の数表

df	0.995	0.99	0.975	0.95	0.9	0.1	0.05	0.025	0.01	0.005
2	.01003	.02010	.05064	.1026	.2107	4.605	5.991	7.378	9.210	10.60
3	.07172	.1148	.2158	.3518	.5844	6.251	7.815	9.348	11.34	12.84
4	.2070	.2971	.4844	.7107	1.064	7.779	9.488	11.14	13.28	14.86
5	.4117	.5543	.8312	1.145	1.610	9.236	11.0	12.83	15.0	16.75
6	.6757	.8721	1.237	1.635	2.204	10.64	12.59	14.45	16.81	18.55
7	.9893	1.239	1.690	2.167	2.833	12.02	14.07	16.01	18.48	20.28
8	1.344	1.646	2.180	2.733	3.490	13.36	15.51	17.53	20.09	21.95
9	1.735	2.088	2.700	3.325	4.168	14.68	16.92	19.02	21.67	23.59
10	2.156	2.558	3.247	3.940	4.865	15.99	18.31	20.48	23.21	25.19
11	2.603	3.053	3.816	4.575	5.578	17.28	19.68	21.92	24.72	26.76
12	3.074	3.571	4.404	5.226	6.304	18.55	21.03	23.34	26.22	28.30
13	3.565	4.107	5.009	5.892	7.042	19.81	22.36	24.74	27.69	29.82
14	4.075	4.660	5.629	6.571	7.790	21.06	23.68	26.12	29.14	31.32
15	4.601	5.229	6.262	7.261	8.547	22.31	25.00	27.49	30.58	32.80
16	5.142	5.812	6.908	7.962	9.312	23.54	26.30	28.85	32.00	34.27
17	5.697	6.408	7.564	8.672	10.09	24.77	27.59	30.19	33.41	35.72
18	6.265	7.015	8.231	9.390	10.86	25.99	28.87	31.53	34.81	37.16
19	6.844	7.633	8.907	10.12	11.65	27.20	30.14	32.85	36.19	38.58
20	7.434	8.260	9.591	10.85	12.44	28.41	31.41	34.17	37.57	40.00
22	8.643	9.542	10.98	12.34	14.04	30.81	33.92	36.78	40.29	42.80
24	9.886	10.86	12.40	13.85	15.66	33.20	36.42	39.36	42.98	45.56
26	11.16	12.20	13.84	15.38	17.29	35.56	38.89	41.92	45.64	48.29
28	12.46	13.56	15.31	16.93	18.94	37.92	41.34	44.46	48.28	50.99
30	13.79	14.95	16.79	18.49	20.60	40.26	43.77	46.98	50.89	53.67
40	20.71	22.16	24.43	26.51	29.05	51.81	55.76	59.34	63.69	66.77
50	27.99	29.71	32.36	34.76	37.69	63.17	67.50	71.42	76.15	79.49
60	35.53	37.48	40.48	43.19	46.46	74.40	79.08	83.30	88.38	91.95
70	43.28	45.44	48.76	51.74	55.33	85.53	90.53	95.02	100.4	104.2
80	51.17	53.54	57.15	60.39	64.28	96.58	101.9	106.6	112.3	116.3
90	59.20	61.75	65.65	69.13	73.29	107.6	113.1	118.1	124.1	128.3
100	67.33	70.06	74.22	77.93	82.36	118.5	124.3	129.6	135.8	140.2

索　引

イ

一致推定量　103
一致性　103

カ

χ^2 分布　98
回帰曲線　145
回帰係数　141
回帰直線　141, 145
階級　59
概数　53
ガウス分布（正規分布）　44
確率　6
　条件付き ——　11, 18
確率空間　8
確率事象（事象）　8
確率分布　20
　累積 ——　23
確率変数　19, 20, 51
　—— の分散　32
　独立な ——　30
確率密度関数　21

キ

危険率　121
期待値　26, 27
帰無仮説　121
共通部分　8
共分散　131

ク

空事象　8
空集合　8
区間推定　102, 104

コ

公理　9

サ

最小 2 乗法　139
最頻値（モード）　66, 81
三角分布　22
散布図　130, 138

シ

四分位点　81
　第一 ——　70, 81
　第二 ——　70, 81
　第三 ——　70, 81
四分位範囲（IQR）　77, 81
四分位偏差（MAD）　77
集合　8
　空 ——　8
　補 ——　8
　和 ——　8
順列組み合わせ　36
条件付き確率　11, 18
乗法定理　11, 14, 18
信頼区間　105

索引

ス

推測統計学　102
推定量　102
　　一致——　103

セ

正規分布（ガウス分布）　44
　　標準——　46
正規分布表　45
積事象　8
線形性　29

ソ

相関係数　128, 130, 131, 138
相関図　130, 138
相関分析　128
相対頻度（相対度数）　3
ソート　53

タ

第一四分位点（第一四分位数）　70, 81
第一種の過誤　121
第三四分位点（第三四分位数）　70, 81
大数の強法則　44, 51
大数の弱法則　43, 51
大数の法則　42, 51
第二四分位点（第二四分位数）　70, 81
第二種の過誤　121

チ

中央値（メジアン）　73, 81
柱状グラフ（ヒストグラム）　55, 81
中心極限定理　49, 51

テ

t 分布　100, 101
点推定　102

ト

統計的推定　102
独立　13, 30
　　——な確率変数　30
度数分布表　54, 81
ド・モアブル - ラプラスの定理　49

ニ

2 項分布　36, 51

ハ

排反事象　8
箱ひげ図　75, 81
外れ値　53, 81
パーセンタイル　67, 81

ヒ

ヒストグラム（柱状グラフ）　55, 81
非復元抽出　12
標準誤差（SE）　93, 101
標準正規分布　46
標準偏差　20, 31, 34, 51, 81
標本（サンプル）　1, 82
標本分散　101

フ

復元抽出　13
不偏推定量　103
不偏性　103
不偏分散　93, 96, 101
分散　20, 31, 32, 62, 81

確率変数の —— 32
　　　共 —— 131
　分布関数　24
　　　累積 —— 24, 51

ヘ

平均　27, 57
　—— 値　20, 27, 58, 81
ベイズの定理　11, 15, 16, 18

ホ

ポアソン分布　39, 40
補集合　8
母集団　82

ヨ

余事象　8

リ

離散的　20, 51

ル

累積確率分布　23
累積分布関数　24, 51

レ

連続的　21, 51

ロ

ローデータ　59

ワ

和事象　8
和集合　8

著者略歴

小林道正
(こばやしみちまさ)

　1942 年 長野県生まれ．1966 年 京都大学理学部数学科卒業．1968 年 東京教育大学大学院理学研究科修士課程修了．中央大学経済学部教授を経て，現在，中央大学名誉教授．専門は確率論，数学教育．
　著書：「経済・経営のための 数学教室 ― 経済数学入門 ―」，他

経済・経営のための 統計教室 ― データサイエンス入門 ―

2016 年 10 月 25 日　第 1 版 1 刷発行

検印省略

定価はカバーに表示してあります．

著作者	小　林　道　正
発行者	吉　野　和　浩
発行所	〒102-0081 東京都千代田区四番町8-1 電話　(03)3262-9166〜9 株式会社　裳　華　房
印刷所	中央印刷株式会社
製本所	株式会社　松　岳　社

社団法人
自然科学書協会会員

JCOPY 〈(社)出版者著作権管理機構 委託出版物〉
本書の無断複写は著作権法上での例外を除き禁じられています．複写される場合は，そのつど事前に，(社)出版者著作権管理機構（電話03-3513-6969，FAX 03-3513-6979, e-mail: info@jcopy.or.jp）の許諾を得てください．

ISBN 978-4-7853-1567-2

ⓒ 小林道正，2016　Printed in Japan

姉妹書のご案内

経済・経営のための 数学教室 －経済数学入門－

小林道正 著　Ａ５判／240頁／本体2600円＋税

40年近くにわたって経済学部で数学を教えてきた経験を活かし，**数や量の変化を解析する「微分積分」**と，**たくさんの量を同時に扱う「線形代数」**の基礎知識に焦点を絞り，経済・経営の分野の方々のためにわかりやすく解説．

本書の大きな特徴として，基本的な事項を具体的な問題で丁寧に解説した後，その理解を深めてもらうために，「純粋に数学の問題」と「経済・経営の分野として考える問題」をセットにして配置した．それによって，本書に出てくる数学が経済・経営の分野とどのように繋がりがあるのか，またその数学をどのように使えばよいのかを理解することができるであろう．

【主要目次】
0. プロローグ －経済・経営と数学－

第Ⅰ部　微分積分と経済・経営
1. 量の変化を調べる －関数と微分－
2. 複数の量の変化を調べる －多変数関数－

第Ⅱ部　線形代数と経済・経営
3. 複数量を同時に扱う手法－ベクトル量とベクトル－
4. 表から行列へ －行列と線形変換－
5. 大きさの違いを表す数 －行列式－
6. 複数の未知量を求める －連立方程式とその解法－
7. 行列における逆数 －逆行列－
8. ベクトル計算の効率化 －基底－
9. 行列とベクトルの応用
　　－固有値・固有ベクトルと対角化－

純粋に数学の問題

経済・経営の分野として考える問題

数学概論 －線形代数／微分積分－

田代嘉宏 著　Ａ５判／248頁／本体2400円＋税

社会科学系向けに，線形代数と微分積分について基礎概念を理解しやすいようにまとめた．線形代数では応用的な話題を含め，微分積分では２階微分方程式までを解説．

裳華房ホームページ　http://www.shokabo.co.jp/　　2016年10月現在